职业教育鞋类设计与工艺专业国家教学资源库建设配套教材

段娜　陈慧慧　李国丽　编著

鞋靴CAD帮样设计与制版

中国轻工业出版社

图书在版编目（CIP）数据

鞋靴CAD帮样设计与制版/段娜，陈慧慧，李国丽编
著．—北京：中国轻工业出版社，2021.11
ISBN 978-7-5184-3573-9

Ⅰ.①鞋… Ⅱ.①段…②陈…③李… Ⅲ.①鞋—设
计 Ⅳ.① TS943.2

中国版本图书馆CIP数据核字（2021）第128082号

责任编辑：陈　萍　　责任终审：李建华　　整体设计：锋尚设计
策划编辑：陈　萍　　责任校对：吴大朋　　责任监印：张　可

出版发行：中国轻工业出版社（北京东长安街6号，邮编：100740）
印　　刷：北京君升印刷有限公司
经　　销：各地新华书店
版　　次：2021年11月第1版第1次印刷
开　　本：787×1092　1/16　印张：13.5
字　　数：310千字
书　　号：ISBN 978-7-5184-3573-9　定价：45.00元
邮购电话：010-65241695
发行电话：010-85119835　传真：85113293
网　　址：http://www.chlip.com.cn
Email：club@chlip.com.cn
如发现图书残缺请与我社邮购联系调换
200384J2X101ZBW

前言

　　《鞋靴CAD帮样设计与制版》是目前国内制鞋行业第一本关于CAD技术的专业教材，弥补了鞋靴CAD帮样制版及工业化应用方面的教材空白。本书根据工业制鞋CAD制版顺序进行编写，每款鞋都是经过生产验证效果后才正式将数据编录到书中。本书介绍了国内市场使用较多的鞋博士ShoeWise制鞋CAD软件，其制版方法简单易学，具有较强的科学性、实用性，同时与现代鞋类企业的实际操作相结合，图文并茂并附原理依据，便于学生理解，真正达到边学边用、学以致用的目的。

　　本书所有纸样均采用1:1绘制，然后按比例缩小，保证所有图形清晰且不失真；同时，根据鞋靴纸样设计和放缩的规律，结合现代鞋靴纸样设计的原理与方法，科学地总结了一整套鞋靴制版的参数。此参数系统突破了传统方法的局限，能够很好地适应各种鞋靴款式的变化和不同鞋靴号型的纸版放缩，具有原理性强、适用性广、科学准确、易于学习掌握等特点，便于在生产实践中应用。本书为立体化、信息化的新型教材，配套教学资源包括线上教师辅导、电子教案、自学课件、教学案例、网络课程、试题库、软件下载等；强调多媒体一体化教学设计，注重激发学生的学习兴趣，有利于学生素质教育和创新能力的培养，实现教学信息化、网络化，为培养创新人才创造良好条件。

　　本书由段娜、陈慧慧、李国丽共同编著。编写团队成员均来自国家"双高"校广州番禺职业技术学院艺术设计高水平专业群，具有多年教学经验和丰富的实践经验，懂得职业教学规律，是文字功底深厚的"双师型"专业教师。其中，段娜是国家一级鞋类设计师，陈慧慧是国家高级技师，李国丽是英国德蒙福特大学鞋类专业博士。

　　本书的出版得到了知鞋数据科技（深圳）有限公司（以下简称知鞋数据公司）创始人陈诚、金猴集团威海鞋业有限公司国家级工业设计中心负责人王福全及惠东县鞋业科技创新中心张沙清博士等技术专家的大力支持。他们在随书电子文件中为读者提供了鞋博士ShoeWise V12.8教学版软件以及操作实例、视频演示、案例分析等，并把关操作要点、技术参数和核心步骤的精准度，实现了实用性、先进性和技术性的结合。另外，本书还参考了知鞋数据公司独家授权的操作手册，对鞋博士ShoeWise制鞋CAD软件系统进行了详细而直观的介绍。

为了满足信息化教学以及混合教学的需要，丰富学生获取教学资源的路径，本书将主要知识点、应用案例、操作技巧以及拓展小知识等内容分别以二维码的形式嵌入书中，通过扫描二维码获取不同的多媒体学习资源，实现学习资源从书本的静态到网络在线的动态转变，有利于解决制鞋CAD初学者的"软件恐惧症"问题，达到"轻松有效"的教学目的。其特点直观生动、新颖有趣，学生的学习资源更加丰富，促进学生自主学习、个性化学习、探究式学习，提高教学效率。

在本书付梓之际，由衷感谢新百丽鞋业（深圳）有限公司技术中心经理金小明、中国皮革和制鞋工业研究院温州研究所所长陈启贤在本书编写过程中给予的专业指导和建议。本书还得到了温州大学李运河教授、温州职业技术学院李再冉博士、北京服装学院王耀华副教授、上海工艺美术职业学院皮具艺术设计专业盛锐主任、广东轻工职业技术学院皮具艺术设计专业张哲主任及惠州学院服装与服饰设计专业韩建林副主任等的大力支持以及部分资料的提供。在此向所有给予本书支持和帮助的专家、老师表示衷心的感谢！

本书是广东省科技计划项目惠东县鞋业科技创新中心建设项目（编号：2017B090922003）阶段性研究成果。希望本书的出版能为培养中国制鞋行业紧缺的技术型、创新型、复合型研发人才提供帮助。

由于时间仓促，编著者思有不周，只是将教学和开发实践中的经验、案例与读者分享，书中不足之处恳请同行前辈与读者指正。

段娜

2021年8月

目录

鞋靴CAD初探

计算机辅助制鞋系统即鞋靴CAD分为辅助设计和辅助生产两个部分。鞋靴CAD辅助设计包括鞋靴3D和2D设计，是数字化全面解决鞋靴由设计方案到成品的软件系统，包含从鞋楦、鞋款设计到2D样板工程、级放和鞋片切割、鞋底鞋模配件设计与加工、检测、逆向工程等多个软件模块，每个模块都能独立运行。它为鞋类企业各技术部门、开发部门、制造部门和供应商提供了一个统一的工作平台，使他们能够快速、有效地进行鞋类的2D和3D设计、造型、逆向工程以及制造（包括工艺）。本项目通过了解鞋靴CAD的功能与硬件、国内外鞋靴CAD的发展状况和鞋靴的号型规格，对鞋靴CAD形成初步的认识。

◉ 学习目标

1. 了解鞋靴CAD的功能与硬件；
2. 了解国内外鞋靴CAD的发展状况；
3. 了解鞋靴的号型规格。

了解鞋靴CAD的功能与硬件

一、鞋靴CAD的功能

CAD是计算机辅助设计Computer Aided Design的英文缩写，是指利用计算机强大的图形处理能力和数值计算能力帮助设计人员进行设计工作。计算机技术的发展使得计算机在设计活动中得到更有技巧的应用。目前，鞋靴CAD系统的发展已经能帮助制鞋行业工程技术人员快速、精确地完成许多工作，更有效地满足了他们对鞋样的最佳设计、制造及压花生产等需要。

鞋靴CAD从概念设计、鞋楦数据修改、辅件匹配、电脑设计、电脑开版、帮样级放到电脑皮革排版及切割（图1-1-1至图1-1-5），全部实现了数字化、自动化运行，不仅提高了研发的精益化程度，更提高了工作效率和产品质量，缩短了产品开发周期，加快了产品上市的速度。鞋靴CAD制版系统完成一套型体的设计级放，通常分为七个标准的步骤，分别是：输入楦式半面版，编辑设计结构款式线条，开版提取每个样片，样片加边取跷等工艺处理，设置放码参数，在样片对应的线条上进行控制设置，自动级放，分片排版输出。具体步骤如下：

①通过脚型扫描仪或数字化仪输入基本码鞋楦或半面版线条，通过扫描和输入的数据在计算机中得到鞋样所需的结构线条，用于进一步的编辑和控制。

②对鞋楦或半面版线条进行旋转、移动、镜像、偏移等编辑操作，旨在精确设计出符合要求的鞋样。

③开版提取出各个样片，目的是形成独立的样片，并能分别对每个样片进行各种工艺技术处理，独立切割。

④设置级放参数，形成其他码数级放的数据依据。

⑤加入控制点，根据每个样片的级放要求，在样片对应的设计线条上进行一系列要求

图1-1-1　绘制款式设计线图

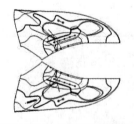

图1-1-2　形成半面版图

图1-1-3　完成效果图

图1-1-4 纸格组合图

图1-1-5 排版切割

的控制设置，目的是控制这些线条对应的样片按要求进行级放。

⑥点击级放按钮，目的是让系统根据用户设置自动完成整套级放。

⑦排版切割输出分片，目的是得到所有号码的正确分片，用于其他生产环节。

二、鞋靴CAD的硬件

鞋靴CAD的硬件系统主要由计算机、输入设备和输出设备等组成。常用的输入设备有数字化仪、脚型扫描仪（图1-1-6）、摄像机和数码相机等；输出设备包括绘图机、打印机、切割机和自动裁床等。

1．计算机硬件

CPU主频在800MHz以上，内存在256MB以上，硬盘容量在20GB以上，显卡内存在32MB以上，显示器大小为19in以上，带光驱和USB插口。

2．计算机操作系统

WindowsXP/Windows7均可，输入设备：数字化仪可配Calcomp或Wacom系列，扫描仪可配A2加长或A3以上扫描仪，如图1-1-7所示。

3．输出设备

输出设备可配任意一款纸板切割机（图1-1-8）或割皮机，也可配绘图仪或打印机。

图1-1-6 脚型扫描仪

图1-1-7 扫描仪

图1-1-8 切割机

任务二

了解国内外鞋靴CAD的发展状况

一、国外研发的鞋靴CAD品牌

随着计算机性能的提高和软件技术的发展，用于皮鞋设计、加工及生产管理的计算机技术已逐渐成熟。目前，国外的制鞋CAD软件已经相当成熟，普遍应用于各大制鞋企业，自1976年欧美第一台制鞋CAD系统问世到1981年发展到三家鞋厂采用，而到1986年竟达五十多家企业采用CAD系统，普及率达40%，到目前其应用更为普遍。以美国、意大利、法国、英国、德国等为代表的世界制鞋发达国家在制鞋CAD/CAM方面做了许多研究，都以微机工作站或小型机为系统主机，硬件投资规模大，设备先进，主要在鞋楦测量、帮样扩缩、色彩、帮样加工自动化控制和数控加工等方面发挥优势。

目前国外研发的鞋靴CAD系统主要有以下几个品牌：

1. Delcam

2007年，Delcam成功兼并鞋类CAD/CAM专业系统CRISPIN后，共同研发的Delcam CRISPIN是一款PC所使用的专业制鞋CAD/CAM的解决方案，是能为制鞋业提供数字化全面解决方案的软件系统，包含从鞋楦、鞋款设计到2D样板工程、级放和鞋片切割、鞋底鞋模配件设计与加工、检测、逆向工程等多个软件模块，每个模块都能独立运行。Delcam鞋业设计解决方案由鞋楦设计软件CRISPIN LastMaker、鞋面设计软件CRISPIN ShoeMaker以及鞋底设计软件CRISPIN SoleEngineer三款软件有机组合而成。

CRISPIN LastMaker鞋楦工程提供了3D鞋楦设计、工程和制造解决方案，相比传统手工制楦，LastMaker可大幅缩短鞋楦设计与修改时间，快速制造出符合生产需要的更精准的数字化鞋楦，确保更短的鞋楦制作周期。

CRISPIN ShoeMaker是集鞋面、鞋底及装饰附件设计融合为一体的鞋类3D设计系统，可高效完成一款鞋靴的整体设计，形成逼真的3D概念设计，大幅缩短鞋类企业的设计开发周期。

CRISPIN SoleEngineer能够快速完成传统鞋、运动鞋、功能鞋的鞋底设计和模具设计，更快获取满足生产需要的鞋底或整套级放鞋底。先进的工程工具可确保设计准确性，并符合公差要求，精确的三维模型可确保最终鞋底与鞋楦和鞋面相匹配。鞋模可以直接用世界领先的CAM加工系统Delcam PowerMILL进行加工，支持三轴或多轴数控铣床。

2. Shoemaster

Shoemaster是由意大利总部的Torielli公司和英国的子公司CSM3D公司共同开发的鞋类辅助设计、制造软件。Torielli是一个有着80多年历史且广受业界尊敬的鞋机公司，提供：备用零配件，材料，单台机器整条生产线，甚至整间工厂。CSM3D是有30多年丰富经验的CAD/

CAM解决方案的软件公司。Shoemaster的CAD/CAM系统提供全系列2D和3D解决方案，既可以单独使用，也可以整合于整套解决方案的程序模块，包括以下模块软件：

①Shoemaster Forma鞋楦设计软件及刻楦机。建立电子鞋楦档案及母楦。

②Shoemaster Creative鞋样设计软件。读取电子鞋楦，进行三维造型设计、大底跟型设计、材质套用、颜色搭配，进而完成鞋子拟真设计。

③Shoemaster Power三维开版级放软件。读取由Shoemaster Creative制作的鞋子拟真档案，进行三维转二维的展平、取跷处理及拆帮取片，加上各类标记、文字、折边位、压茬位及合缝位等，快速完成鞋面样板级放生产。

④Shoemaster classic二维开版级放软件。通过平面数字化仪输入由手工制作的展平版和造型，进行取跷处理、拆帮取片，加上各类标记、文字、折边位、压茬位及合缝位等，完成鞋面样板级放生产。

⑤Shoemaster Esprite二维级放软件。通过平面数字化仪输入手工制作的组合半面版，在Esprite里拆帮取片，加上各类标记、文字、折边位、压茬位及合缝位，最后完成级放生产纸版。

⑥Shoemaster Interface排料切割软件。连接纸版切割机或输出档案至真皮切割机，真正实现无刀模生产。

⑦Shoemaster Spa排料算料软件。以最优化的方式对电脑样片计算用量。

3. MindCAD

MindCAD软件来自葡萄牙，是一套专门为鞋的设计与制造而开发且集鞋楦自动展平、三维立体设计、2D开版与款式发布于一体的专业化制鞋软件。软件结合传统制鞋工艺的要求，将其转化为计算机辅助设计，在准确性和效率方面取得了很好的成效。软件为设计师搭建了一个更加随意发挥创意思维的平台，设计师可以随心所欲地进行概念设计、效果图制作以及新产品预选，更加快捷方便地实现设计最终效果。软件所具有的开版功能，在满足版师对开版要求的基础上，一次性开发，准确率与效率方面有了大幅度提高，开版手法与技巧更加灵活。软件主要由Mind last鞋楦设计、MindCAD 3D三维概念设计、MindCAD 2D开版与级放和Mindviewer浏览器组成。

二、国内研发的鞋靴CAD品牌

目前，劳动力成本飞速上升，鞋靴制造业正面临着升级换代，特别是世界第三次鞋类产业正在发生转移，我国制鞋技术必须实现机器换人的智能化模式转换。从20世界80年代开始，国内已有不少机构开始了计算机辅助鞋样设计系统的研究，当时在这方面投入较大且有一点研究成果的机构包括原轻工部制鞋科学研究所、重庆大学光机所、电子科技大学、上海皮革研究所等。其中，重庆大学1990年研究出的CCS-H系统水平较高。目前，国外的鞋业CAD技术发展相对比较完善，国内研发的鞋靴CAD主要有鞋博士ShoeWise3d、PEAK 3D、温州申普、台湾理星鞋样级放系统等。中国制鞋企业目前对CAD/CAM应用现状还处于摸索起步阶段。现在国内能够把CAD/CAM真正运用起来的企业为数尚少，只有莱尔斯丹鞋业、森达鞋业、百丽鞋业、康奈集团等较大的企业引进了鞋靴CAD系统。目前国内研发的鞋靴CAD系统主要有以下几个品牌：

（一）东莞鞋博士科技有限公司

东莞鞋博士科技有限公司瞄准电脑开版，潜心研究，定位于为制鞋设计企业实现样板室的电脑化、数字化提供CAD/CAM系统，凭借多年鞋靴版型研发专业的技术知识和丰富的规划实施经验，一直专注于为鞋业界提供世界领先的制鞋设计软件。鞋博士设计开版系统经过数年的研究，借鉴当前主流软件的优点，不断吸取和总结鞋样设计师的手工经验，并长期与他们合作，用计算机全面取代烦琐的手工制版制造作业，简化操作流程。开版与放版系统，功能强大，取跷准确，操作简单，能满足设计研发的各种要求，辅助企业全面提升竞争力。软件具有如下特点：

1．操作简单、易学

软件按开版的自然流程，分为制版、开版、放版、排版四个流程，并大量采用二级按钮，分化了复杂的按钮，使软件易学、好用，操作简单。

2．从图片开始，制版方便

设计开版系统可从一张图片开始，图片可采用普通的数码相机拍照即可，导入的图片不要求比例，软件提供方便的调版工具，从而为仿版及设计提供了方便。

3．创造性地使用图形骨骼技术，图形编辑方便、简单、精准

制鞋设计软件，对图形的要求是操作简单、功能强大、精度高。为解决这一问题，东莞鞋博士科技有限公司首先在图形编辑领域提出图形骨骼技术，并第一个使用在自己的制鞋设计软件上，为精准编辑图形提供了功能强大的编辑工具。

4．自动处理内外踝

在提笔线、槽线以及提分片时，软件自动处理内外踝，版师只需关心开版即可，并在提分片时，自动补充默认分片名，尽可能减少开版时间。

5．自动取跷和手工取跷

鞋博士开版设计系统提供了功能强大、操作简单的开版工具，设计师可根据需要选用开版工具。开版省时省力，极大提高了开版效率。

（二）温州申普软件（鞋业）技术

温州申普信息技术有限公司（原温州市经纬制鞋软件有限公司）自1993年起，就对电脑鞋样设计及级放CAD软件系统进行研究开发和销售，公司推出的JWXY（经纬鞋样级放软件）和JWNC（经纬电脑切割机）在技术水准和实用性能方面都已达到国内外先进水平。通过扫描仪，仅几秒钟即能快速准确地将鞋样输入电脑，经过电脑的设计和级放，再通过绘图仪或切割机，仅几分钟即可将全套样板绘出或割出。

JWXY是全中文菜单式的电脑鞋样平面设计及扩缩CAD软件，在Windows 9X/2K/XP下运

行，具有优良的操作界面、强劲的辅助设计工具和众多的图形操作按钮，让使用人员得心应手。只要了解鞋样设计工作，仅需数小时的培训即可学会操作，并可独立进行鞋样的电脑设计与扩缩工作。

（三）PEAK 3D帮样设计软件

PEAK 3D鞋样设计软件由东莞市高峰鞋业科技有限公司开发，PEAK 3D鞋样设计软件是一套利用电脑三维立体技术进行鞋样款式设计的专业软件。PEAK 3D鞋样设计软件系统由以下几个模块组成：

1. PEAK 3D鞋样设计软件

PEAK 3D鞋样设计软件是一套利用电脑三维立体技术进行鞋样款式设计的专业软件，通过直接交互式地在3D鞋楦上绘制线条快速生成真实的鞋款模型，并通过强大的渲染功能与材料、颜色的搭配方案进行渲染，产生广告整片式后片取版。

2. PEAK排刀算料软件

PEAK排刀算料软件通过电脑自动排刀，精确计算出每个样片的材料用量，为采购部门及裁断部门提供详细准确的成本核算、用量报表和排刀指导图，有效提高成本核算精确度和材料使用率。

3. PEAK鞋样级放软件

PEAK鞋样级放软件是根据基本码样板，按照指定的级放尺寸级放出全套尺码样板的鞋样放版软件，具有级放准确、操作简便的特点。通过扫描仪输入基本码母版，软件自动识别转化为线条，方便快捷。

4. PEAK鞋底设计软件

鞋底设计是制鞋企业塑造品牌的有效途径，通过使用PEAK鞋底设计软件，制鞋企业可以快捷地设计制作出新颖的鞋底、鞋跟、鞋垫以及各种饰扣，不必完全依赖于模具厂商的设计，降低模具开发费用。

5. PEAK鞋楦设计软件

PEAK鞋楦设计软件可以代替楦师的手工操作，使楦师能够方便准确地在电脑里进行鞋楦设计、鞋楦修改、鞋楦级放、卡版制作等一系列与传统手工方法一致的操作。

（四）台湾理星鞋样级放软件

台湾理星科技公司开发了鞋样设计系统软件、鞋样级放系统软件、鞋业算料系统软件和鞋业管理系统软件等，提供各式报表及客制化报表，使用者可自行设计报价单。理星鞋样级放系统具备快速灵活的排版及报价自动模拟排版的功能，提供16种排版方式，30~40min完成一款鞋型报价。该软件内建级放功能，能快速完成预估大、中、小各号的报价，满足时效需求，该系统操作简单，容易学习，功能强大，各类鞋型均可级放，广泛用于鞋厂、鞋楦厂、鞋底厂、模具厂、鞋样设计中心、鞋样级放中心。

以上这些公司推出的制鞋CAD/CAM系统，虽各有不同的侧重点，但都是围绕鞋靴智能研发流程展开，为了贴近设计方案，更加直观、高效率和精准化地完成鞋靴的设计与制造，在众多的国内外鞋靴CAD/CAM系统中，东莞鞋博士科技有限公司提供的鞋靴CAD系统功能较为完善，简单易学，在鞋帮、鞋底二维设计等方面，有很强的实用性，本书将以鞋博士CAD系统为例，介绍女鞋、男鞋、运动鞋和童鞋操作实例。

任务三

了解鞋靴的号型规格

鞋子的尺码又叫鞋号，鞋号是表示鞋大小的标识。不同国家的鞋号是依据其常用的度量单位、习惯用法及主体民族的脚型特征确定的，不太相同，也很难统一。常见的有：中国码，欧洲、美国和英国的标准，中国标准鞋号采用毫米为单位来衡量鞋的尺码大小。

一、中国鞋号的特点

我国早期主要生产布鞋，旧鞋号中布鞋是以市尺标记的，又叫上海号，如7寸8和6寸2等，号差1分约等于3.33mm。中国台湾鞋号是在此基础上将寸变为分，如7寸8等于78分，即为78号。国内开始生产皮鞋后，一部分改用类似法国鞋号标注，如将78除以2，就成为39号。

我国第一个鞋号标准的制定是以1965—1968年第一次全国性的脚型规律测量为依据的。1965年和1968年组建了一支数百人的制鞋科研队伍，先后两次共用6个月的时间，深入全国各地，了解数十万人的脚型，掌握了我国脚型的第一手资料，在此基础上制定了GB/T 3293—1982《中国鞋号及鞋楦系列》。该标准的特点是以脚长为基础编码制定的，单位采用厘米制。1998年1月6日，我国颁布了GB/T 3293.1—1998《鞋号》，将厘米制改为毫米制，即脚长250mm，就穿250号的鞋。该标准采用毫米制，与ISO 9407—1991《鞋号——世界鞋号的尺寸和标记体系》所采用的毫米制一致。

1. 我国鞋号以脚长为基础编码

目前，其他国家常用的鞋号以鞋子的内长为主，即鞋楦底样长为确定鞋号的基础。这种编码的缺点是楦底样长随鞋的品种、款式变化而变化，没有跟脚建立联系。因此，对于同一个人，不仅穿不同品种的鞋鞋号可能不一样，即使穿同一品种、不同式样的鞋鞋号也可能不同，这给消费者和商业管理带来了不便。

中国鞋号是以脚长为基础编码的，简单明了地表明了脚与鞋的内在关系，即脚长多少毫米就穿多少号的鞋，如脚长250mm（248~252mm），就穿250号的鞋。具体到各个品种、样式鞋的楦底样长度，则要考虑鞋的特点、材料性能、加工工艺以及穿着要求等因素，以这个号型穿上合脚舒适为目的。所以可以保证同一个人穿任何品种、任何式样的鞋都是同一号型。这就是我国鞋号能够统一的原因，也是我国鞋号与其他国家鞋号的根本区别。

2．我国鞋号是以人群脚型规律为基础确定的

我国鞋号是以人群脚型规律为基础确定的，号差为10mm，半号差为5mm，从婴儿90号开始，到成人鞋290号为止，跨度很大。其中包括5个鞋型，中间还有半型，基本满足了我国人群穿着的鞋号范围。

3．我国鞋号利于实现制鞋工业的现代化

我国标准鞋号的使用有利于制鞋工业采用新材料、新工艺、新技术和新设备，有利于实现鞋部件装配的自动化。在电子商务发展迅速的今天，我国鞋号可作为网络购鞋的准确参考。

二、中国鞋号的号差及型差

我国人口众多，脚长和脚肥的变化都很大，如女鞋鞋号的分档为220～250，跨度较大。我国人群脚型规律表明，在脚长相同的情况下，跖围的尺寸也相差很大，如我国成年男子的全距值（最大值－最小值）为75mm，也就是说，同样的脚长，肥瘦相差达到75mm。为了满足多种肥度脚型的需要，中国鞋号中成人部分安排了五个型，从瘦到肥依次为一型、二型、三型、四型、五型。儿童部分安排了三个型，即一型、二型、三型。我国成年女性常用一型半、二型；成年男性和儿童常用二型半、三型。

以下是有关鞋号及鞋楦尺寸的几个基本概念。

1．鞋号

鞋号表示脚的长度尺寸，如我国鞋号中的230号、240号、260号等。

2．型号

型号表示鞋围度（肥度）尺寸，如我国鞋号中的一型、一型半、二型、三型等。

3．长度号差（号差）

相邻长度号之间的长度等差，如我国鞋号中的230号与240号之间的号差是10mm，半号差为5mm。

4．跖围号差（围差）

相邻长度号之间的跖围等差，如我国鞋号中男鞋250号的三型跖围尺寸为242.0mm，260号的三型跖围尺寸为249.0mm，它们之间的跖围差是7mm，半号差为3.5mm。

5．型差

相邻型号之间的跖围等差，如我国鞋号中男鞋250号的二型跖围尺寸为235mm，三型跖围尺寸为242mm，型差是7mm，半型差为3.5mm。

三、外销鞋号规格

外销鞋楦的基本特征部位也是由楦底样长度、楦围度及楦宽度组成，但其度量的位置、

点的选择与中国有一定差异。

1．英国鞋号及鞋楦尺寸系列（英码）

英国鞋号是世界上应用广泛的鞋号之一。英国是最早制定鞋的尺码标准的国家，英国鞋号及鞋楦尺寸系列是最正统的，采用英寸制。根据记载，1324年，英王爱德华二世规定三粒大麦的长度为1in（1in=25.4mm），鞋的尺码就用一粒大麦的长度，即1/3in为一个号差。英码主要应用于英国本土及英联邦国家，如澳大利亚、南非等。英国鞋号及鞋楦尺寸规格也是以楦底样长度、楦围度及楦宽度几个重要部位来标示的。

英码分儿童鞋号和成人鞋号。儿童鞋号分档为1～13号，成人鞋号分档为1～13号。

英码的长度号差是1/3in，即8.46mm（1in=25.4mm），长度半号差4.23mm。

英国鞋楦尺度中基本分三类：凉鞋鞋楦、满帮鞋鞋楦和运动鞋鞋楦。满帮鞋鞋楦底样长度比凉鞋鞋楦长5mm，运动鞋鞋楦底样长度比满帮鞋长5mm。

2．美国鞋号及鞋楦尺寸系列（美码）

美国鞋号及鞋楦尺寸是从英国鞋号演变而来，也是以英寸为基制的。其楦体特征部位值的选取及标示都与英码基本相同。美码又可分三种：标准尺度、惯用尺度和波士顿尺度。

波士顿尺度与英国尺度基本相同，不同点是在0号楦底样长度的安排中，英国鞋号以101.6mm（4in）为起始长度，波士顿鞋号则是以94mm为起始长度。

标准尺度用于女鞋楦时，长度号是英国鞋号加1.5号，围度是英国型减2个型，如英国鞋号的4D相当于美国鞋号的5.5B。标准尺度用于男鞋鞋楦时，长度号是英国鞋号加1号，围度是英国型减1个型，如英国鞋号的7E相当于美国鞋号的8D。

惯用尺度比标准尺度大1号，如惯用尺度8号等于标准尺度7号。

3．法国鞋号及鞋楦尺寸系列（法码）

法国鞋号及鞋楦尺寸系列被广泛应用于欧洲大陆（包括意大利、德国）。法国鞋号与英国鞋号、美国鞋号是完全不同的系统，它的尺寸建立在公制基础上，也称为欧码。

法国鞋号又称"巴黎针"系列，据记载，它的长度号是由缝纫的针脚数来计算的，最小号由15针（100mm）开始，最大号50针（333mm），长度号差设定为1针距离，为6.66mm，半号差3.33mm。

法国鞋号在凉鞋、满帮鞋、运动鞋鞋楦底样长度的设定上，儿童鞋是以3mm之差来区分的，成人鞋仍以5mm之差来区分。

法国鞋号鞋楦底样长度计算公式：

$$楦底样长度 = 鞋号 \times （20/3）$$

例：法国鞋号40号，求楦底样长度。

$$楦底样长度 = 40 \times （20/3）\approx 267（mm）$$

4．国际标准鞋号及尺寸系列

从1965年开始，由21个国家组成的经济协助开发机构（DECD）为解决多国鞋号尺寸给世界鞋业带来的诸多不便，制定了蒙多点（Mondopoing）鞋号，1971年11月，国际标准化组织第137技术委员会（ISO/TC.137），将其定为国际标准鞋号。尽管此鞋号系列受到世界组织的大力推荐，但始终没有被欧洲市场所接受。

国际标准鞋号以脚长（毫米制）为长度标示，以脚的跖趾斜宽为型号标示（图1-3-1）。鞋号的标示方法为脚长/脚宽，例如，260/94，即脚长260mm，脚宽94mm。

儿童鞋、女鞋和高档男鞋的长度号差是5mm，便鞋、休闲鞋的长度号差是7mm。肥瘦型以脚宽分档，脚宽等于40%脚跖围。长度号差是5mm时，脚宽号差为2mm，脚宽型差为4mm；长度号差是7mm时，脚宽号差为2.8mm，脚宽型差为4mm。

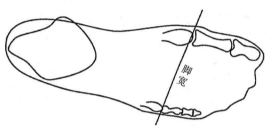

图1-3-1　脚的跖趾斜宽标示

📝 课后思考

1. 简述中国鞋号的特性及其与脚长的关系。
2. 什么是长度号差、跖围号差和型差？
3. 简述英国鞋号、美国鞋号的长度号差和型差。
4. 简述法国鞋号的长度号差和型差。
5. 简述日本鞋号的长度号差和型差。
6. 简述国际标准鞋号的特点。
7. 鞋码换算的基本原则是什么？

项目二

认识鞋博士鞋靴CAD软件

通过对鞋博士鞋靴CAD软件功能分区的介绍，以及各工具的操作分解，逐步深入了解ShoeWise3d制版与级放系统。

◉ 学习目标

1. 了解工作界面的各个分区；
2. 了解下拉菜单栏的各工具使用方法；
3. 了解左侧工具箱切换使用以及与菜单栏的对应；
4. 掌握鞋片库新建组、组的属性以及各项工具的使用；
5. 掌握与理解图层管理器的设定；
6. 掌握选取与吸附栏的使用；
7. 掌握操作区域的描线取片；
8. 掌握切割控制台的使用与操作。

任务一

认识ShoeWise3d设计系统

一、ShoeWise3d设计系统的基础界面

鞋博士ShoeWise3d设计软件包含画线版块、取片版块、配件版块、系列版块。各个版块功能直观，易上手，支持参数化画线，降低自由建模的复杂性，如图2-1-1所示。

1. 画线版块

根据各功能自由构建款式线条，利用模板线条一键生成款式线条。

2. 取片版块

生成线条后依次提取各鞋片。

3. 配件版块

配件版块包含鞋楦、鞋带、冲孔、针车的生成等，可以从外部导入各库中，库里的配件可直接应用到模型上。

4. 系列版块

系列版块包含材质库、部件库和系列库。材质库可以新建材质进行储存，材质可以直接应用到鞋片上；部件库可以从外部导入任意鞋款部件，导入的部件可以直接参与鞋款系列组合；系列库可以将配好材质的部件及鞋片进行一键组合，方便、延伸设计师设计鞋款的思路。

图2-1-1 鞋博士ShoeWise3d设计软件操作主界面

二、材质库新建及步骤

材质库可以直接从外部导入材质图片，建立材质球，可以将材质球直接赋予鞋片或部件上应用，不用再做任何调整。具体操作如下（以新建牛皮为例）：

①单击右下角"材质库"，单击三新建材质类别，如图2-1-2所示。

②单击"新建材质"，进入新建材质界面，如图2-1-3和图2-1-4所示。

③分别单击"纹理"，从外部导入材质图片：纹理图、法线图、高光图等图片，如图2-1-5和图2-1-6所示。分别调整相应材质参数，输入材质名称，单击确认材质，即保存在材质库中，如图2-1-7所示。

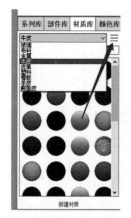

图2-1-2　材质库

图2-1-3　新建材质

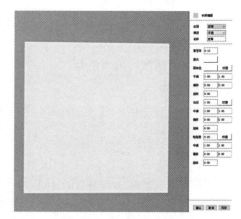

图2-1-4　新建材质界面

图2-1-5　纹理

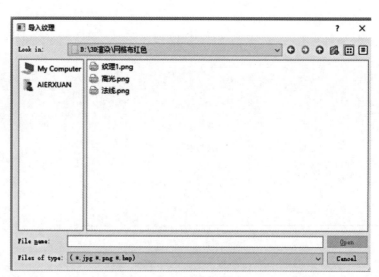

图2-1-6　导入纹理图片

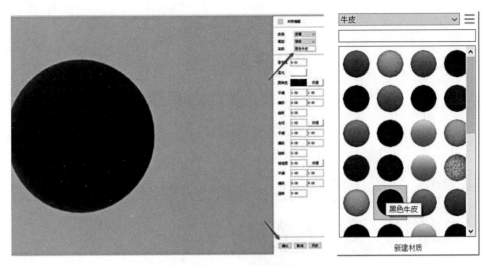

图2-1-7　调节材质参数

三、部件库的新建及步骤

部件库可以从外部导入鞋子的各个部件，如鞋面、鞋底、鞋楦、配饰等；导入的部件可以直接赋予材质进行组合。具体操作如下（以运动鞋鞋面为例）：

①单击右下角"部件库"，单击☰新建部件类别，弹出导入部件窗口，如图2-1-8所示。

②选择导入的部件，右击进入部件编辑，如图2-1-9所示。

③在右侧编辑栏中为每个鞋面部件赋予材质，可以对同一个部件赋予多个材质，单击"组合"，进行鞋面的材质组合，如图2-1-10所示。

④组合后的鞋面可以全部进行系列组合，也可以右击添加到"已选方案"进行筛选，如图2-1-11所示。

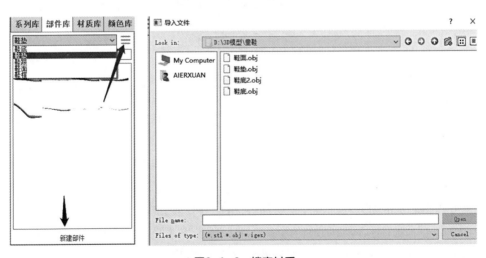

图2-1-8　搜索材质

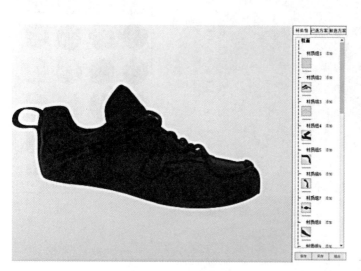

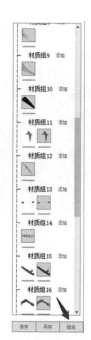

图2-1-9　部件编辑　　　　　　　　　图2-1-10　材质组合

图2-1-11　已选方案

四、系列库的新建及步骤

系列库是指将组合好的部件进行鞋款组合，设计师可以在一键组合后的鞋款中挑选心仪的款式，下面以运动鞋为例讲解。

①在右下角"系列库"中单击新建系列类别，再单击"新建系列"，进入系列新建界面，如图2-1-12和图2-1-13所示。

②单击"添加"按钮，在部件库中添加各部件，相同的部位可以添加多个部件，比如可以添加多个鞋底，如图2-1-14所示，确定后进入组合界面，单击"组合"进行鞋款组合，组合的鞋款有时会多达上百个，可以在下方的切换页面进行筛选，单击右键将选中的鞋款添加到"已选鞋款"。

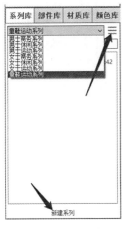

图2-1-12 新建系列

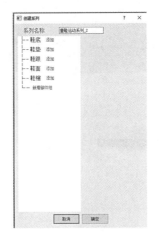

图2-1-13 系列新建界面（1）

图2-1-14 系列新建界面（2）

任务二

认识ShoeWise2d制版与放码系统

ShoeWise2d制版与放码系统工作界面有七大区域，分别为菜单栏、工具箱、鞋片库区域、操作区域、图层管理器、选取与吸附栏、切割控制台，如图2-2-1和图2-2-2所示。

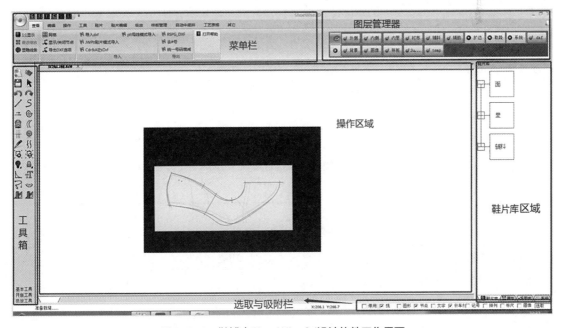

图2-2-1 鞋博士ShoeWise2d设计软件工作界面

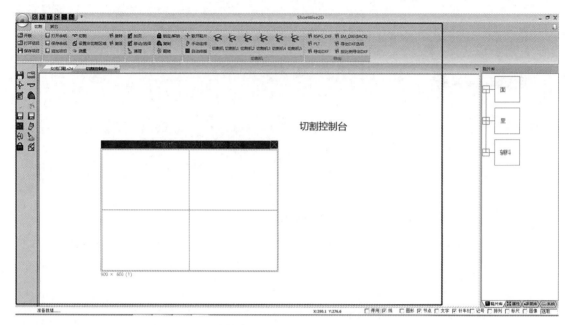

图2-2-2 鞋博士ShoeWise2d设计软件切割控制台

一、菜单栏

菜单栏中"查看""编辑""操作""工具""取片""鞋片编辑""级放"的功能和图标见表2-2-1至表2-2-7。"样板管理"：样板上传、工作流。自动中底样：中底样、鞋垫样、大底样、包皮料样。工艺表格：工艺表格、字体。数据服务：数据导入、数据导出、花样机数据对接、画线机数据对接。其他：系统设置、测试、辅助工具。

表2-2-1 查看功能

序号	图标	功能
1	🔲 1:1	所有对象按1∶1大小显示
2	◑	显示或隐藏线条
3	▦	显示绘图范围的纵横线，以方便绘图人员对线或图形大小比例进行判断
4	ᠷ	显示节点，更方便地对选中节点进行编辑；关闭节点更方便地对所选中线条进行编辑
5	⬚	去除鞋片码数的#号

表2-2-2 编辑功能

序号	图标	功能
1	↶	恢复至上一步的步骤
2	↷	恢复至下一步的步骤
3	✕	删除已选择的对象

续表

序号	图标	功能
4		针对线条操作和对选中的线条进行复制
5		针对线条操作或对已经复制的线条进行一次或多次粘贴
6		针对线条操作或对选中的线条进行原位置的复制
7		针对线条操作
8		取消存在关联关系的线条
9		多个线条组合在一起，组合后不可对线条单独操作，可整体移动和复制
10		将已经群组的线条恢复到未被群组时的状态
11		限制目标对象的编辑和针对线条操作
12		解除已锁定目标对象的限制和针对线条操作
13		选择解除一部分已锁定目标对象的限制和针对线条操作
14		对已选取的线条以外的线条进行锁定和针对线条操作
15		对已经锁定的线条与未锁定的线条互换对调关系和针对线条操作
16		隐藏选取的线条和针对线条操作
17		显示所有的线条和针对线条操作
18		在已经隐藏线条中选择显示和针对线条操作
19		对已选取的线条以外的线条进行隐藏和针对线条操作
20		一部分已经隐藏的线条与未隐藏的线条互换对调关系和针对线条操作
21		依据 A 线和 B 线的距离关系，在 A' 线上创建 B' 线
22		打开并处理图片
23		修改档案信息设置

表2-2-3　操作功能

序号	图标	功能
1		设定不规则区域，选择当前对象的节点，在级放页面，设定不规则区域，选择当前对象的控制范围
2		转换线条首尾方向
3		对选取的线条进行位置移动，在移动过程中支持F3和F4旋转
4		将形状工具产生的图形变成可编辑的曲线或直线
5		对称对象（镜像轴必须为直线），主动从动、从动主动，主动从不动、从动主不动
6		创建平行直线或平行曲线
7		生成与原线距离不相同的曲线

续表

序号	图标	功能
8	《	分段生成与原线距离相同的曲线
9		以旋转方式改变线条部分线段的位置
10		同时一条或多条线打断
11		删除相交线条超出部分
12		①连接：保持两条线形状不变，中间连接处两个点为角点； ②混接：两条曲线光顺连接，中间连接处两个点为曲线点
13		①按距离延伸：在线条端点按距离延伸；在使用延伸的过程中点击"空格"键可输入延伸的具体数值； ②自由延伸：在线条端点自由延伸，直线可以逆延伸
14		在原有线条上继续描绘线条
15		旋转线条或线条局部位置
16		修整线条不平顺的部分
17		在分片上加入槽线
18		可分别对线条和分片内线进行有序排列圆孔或其他图形
19		在分片内排列网格
20		翻转指定对象
21		对象"翻转"后，再以"参考线"呈90°旋转得到的结果
22		可根据参数范围在操作区域内快速选择对应的孔或图形
23		可在调色板内选择合适的颜色对孔或图形进行填充
24		单击左键移动节点（默认移动的是距离最近的节点）

表2-2-4　工具功能

序号	图标	功能
1		在操作区域创建直线
2	S	在桌面上创建曲线
3		在某条线上画等分线
4		将某条线切断为n等分线
5		在两条直线或曲线中间位置新增一条或多条等分距离的曲线（或直线）
6		在曲线、直线、系统图形上任意位置的垂直线
7		在两条线交点处进行倒角
8		通过两条相交线条生成新的线条，并将相交的部位按参数进行圆角
9	O	绘制圆
10		通过设置圆上三点绘制弧线

续表

序号	图标	功能
11		绘制椭圆
12		绘制矩形
13		绘制梯形
14		绘制正多边形
15		绘制多个角的角星
16		绘制鞋带孔
17		测量出操作区域上A点到B点的直线距离
18		测量出操作区域内直线或曲线上A点到B点的线上距离
19		有5种类别裁向标,对分片操作

表2-2-5 取片功能

序号	图标	功能
1		设定线条内外踝属性,使用手动追踪,在取外腰分片后,如果线条设定过内外踝,内腰分片会自动取片(所生成的内外踝鞋片在同侧)
2		指定封闭区域的方式取分片(线条过多时,不容易捕捉封闭区域)
3		依次选定组成封闭区域的线条的方式取分片
4		在对称线同侧提取内外片(仅限于背中线拉直的鞋片)
5		在对称线之间提取有两条对称线分片(多用于靴筒取片)
6		在对称线之间提取有两条对称线分片(多用于靴筒取片)
7		对称分片
8		用于鞋头消皱的跷度处理(仅限于背中线拉直的鞋片)选择命令,设定参数
9		拉直后跟分片对称线的转跷处理
10		用于分片取跷处理
11		用于分片跷度处理
12		直接拉直后跟分片对称线的处理方式
13		对分片增加褶皱量
14		缩放部分线条
15		显示取跷后的分片的边长对比

表2-2-6 鞋片编辑功能

序号	图标	功能
1		显示指定分片边界母线
2		使指定的分片边与原母线进行分离,同时产生一条新的母线与边关联
3		对分片做圆角、倒角、内倒角、内顺角处理

续表

序号	图标	功能
4		鞋片的边界重组
5		鞋片加工艺量
6		鞋片加宽窄不一样的工艺量
7		指定分片外某条线为扩边线
8		将不规则的反折量加到分片两边
9		将组成分片边界的母线替换到另一条母线（仅对此分片边界进行更改）
10		将组成分片边界的母线替换到另一条母线（对原母线相关的所有分片边界和关联的线槽全部进行更改）
11		对鞋片的边界进行分段扩边，对已经分段扩边的边界进行整体扩边
12		在分片边界上排列指定图形为花形（不能做对称边）
13		输入文字标注（不适合对分片进行标注内容）
14		设定各种工艺文字及标线
15		鞋片名称修改
16		鞋片中加入内线
17		一次性清除鞋片上内线、装饰、槽线、记号齿、记号等内容
18		①使该分片内所有的线自动生成新的母线，并与原母线没有任何关联； ②分离分片母线，重新生成单独的母线，当新生成的母线改动时，不影响原来的母线，但是鞋片跟随改变； ③显示离化鞋片生成的新母线方法，将光标放在右边分片库单击"鞋片"后，再单击"鞋片"
19		①分离分片母线，该分片和重新生成的母线可以随鼠标移动放置指定位置； ②分离分片母线，重新生成单独的母线，当新生成的母线改动时，不影响原来的母线，但是鞋片跟随改变； ③显示离化鞋片生成的新母线方法，在右边分片库单击"鞋片"后，再单击"鞋片"
20		分离分片母线，重新生成的母线可以随鼠标移动放置指定位置（新母线移动未放置时，支持F3和F4旋转）
21		在分片扩边上排列垂直于该边的切刀线
22		将分片尖的边角进行切顺
23		①分片内加入记号，"Alt+左键"删除； ②样式：记号类型； ③对称：记号在分片上放置位置； ④属性：记号在切割机上输出方式； ⑤图库：支持在侧图库中点击图形
24		①可对分片边界或内线进行偏移，生成新的内线； ②属性：输出切割的属性； ③首尾留空：根据线的首尾点来确定； ④偏移量：按需填写数值； ⑤定距/自由：可切换（关联或不关联）
25		鞋片边界加记号齿

表2-2-7　级放功能

序号	图标	功能
1		设置级放的相关数据
2		级放出全套的大小码样板
3		设置级放共模的相关数据
4		部分鞋号级放
5		在执行分码级放状态下，可实时单独查看选定码数的母线，并进行单独编辑
6		取消级放中的状态
7		取消分码级放以及通过分码开关所做的调整，恢复至正常状态
8		左键单击此工具可切换三种显示方法：①填充色的分片显示；②没有填充色的分片显示；③只有母线显示
9		确定级放时不变量的位置点
10		指定实体受控于指定基点
11		指定实体局部受控于指定基点
12		级放时两条线之间距离不变化
13		级放时两条线之间距离不变化（同主线，多条不同从线的情况下，"主从二"更便捷）
14		级放时两条线之间局部线段距离不变化，其余线段正常级放
15		对边的线条在级放后能保持对称状态

二、工具箱

左侧的工具箱主要是从对应的菜单里将常用的工具整合提取到左侧三个工具条，可用Ctrl+Tab进行切换。

1．基本工具

菜单栏中编辑、操作、工具三个菜单为线条编辑所用工具（与工具条"基本工具"对应），简称线条编辑。

2．开版工具

菜单栏中鞋片、鞋片编辑两个菜单为鞋片取片与编辑所用工具（与工具条"开版工具"对应），简称取片与鞋片编辑。

3．级放工具

菜单栏中级放菜单为级放所用工具（与工具条"级放工具"对应），简称级放。

三、鞋片库区域

1．鞋片库

每次新建文档时，先观察分组是否有生成如面、里、辅料，如没有，则左键单击鞋片库或按住Shift+左键单击鞋片库。

鞋片库负责给各种不一样的鞋片做分组，如面、里、辅料。

在鞋片库 （箭头所指区域）单击鼠标右键可弹出如图2-2-3所示对话框，对话框中各项说明如下：

> 新建组：在没有分组的情况下，新建立一个分组。
> 存模板：对设定的几个分组以此为"存模板"保存，以后每次新建的文档都是以这个模板生成。
> 命名测重：对重名的分片进行高亮选中。
> 清理鞋片：当分片或母线都已经删除的情况下，操作区域内还是有分片填充在显示，这种情况下单击"清理鞋片"。
> 输出：对所有分组内的鞋片进行输出。
> 导出算料：输出DXF线条格式给其他机器或软件进行交互。
> 显示鞋片：显示所有分组内的鞋片。

对每个分组单击右键，可弹出如图2-2-4所示对话框，对话框中各项说明如下：

> 新建组：在当前分组后面新增加一个分组。
> 删除组：对所选中的分组进行删除。
> 删除鞋片：对选中的整组分片进行删除。
> 复制：对选中的组以及所有分片进行复制。
> 统一命名：对此分组的组名称命名，对此分组内的鞋片共名命名，按需对启用自动编号和锁定自动编号进行打钩统一命名，对此分组内所有分片执行以鞋片共名的命名来统一。
> 输出：整组分片进行输出到切割控制台。
> 显示鞋片：显示所有分组的分片。
> 鞋片转移：对整组分片进行转移，但母线还保持在原位。
> 鞋片归零：对属于此分组并执行过鞋片转移的分片回到原始位置与母线重合。

对每个分片单击右键，可弹出如图2-2-5所示对话框，对话

图2-2-3　鞋片库

图2-2-4　鞋片库编辑

图2-2-5　鞋片编辑

框中各项说明如下：

➤ 删除鞋片：对选中的分片进行删除。

➤ 仅删除鞋片：对选中的分片进行删除，但保留位置。

➤ 复制到：选中的分片复制到本组或其他分组，并且按需要选择内容进行复制，如图2-2-6所示。

➤ 离化鞋片：使选中分片内所有的线自动生成新的母线，并与原母线没有任何关联。

➤ 复原鞋片：将取跷后的分片复原到取跷前的分片。

➤ 共模说明：将选中的分片选定共模后，点选表名（如没有可用，可参考共用表编辑使用方法新建一个），然后确定，共模显示在分片右下角有一个小正方形标识，如图2-2-7和图2-2-8所示。

➤ 重提外框：鞋片边界的重组，可适用任何形式的分片重组该分片的边界。

①选中分片，单击右键，弹出右键菜单；

②选择重提外框，选择重组此边界要用到的取片工具，如手动追踪（不可用快捷键）、块状追踪、内外片、拼接片、双轴片；

③边界重组完成后，之前所作的内线、槽线、定位、图形在分片范围内都会保存下来。

➤ 填充色：在调色板上进行自行选择合适的颜色，如图2-2-9所示。

➤ 转换内外脚：对当前分片在输出时进行一个翻转，如图2-2-10和图2-2-11所示。

➤ 原位复制：以此分片边界重新生成母线，并以这些母线手动追踪取了一个新的分片位于本组最后一个分片位置，如图2-2-12所示。

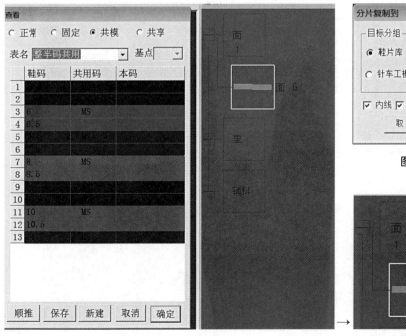

图2-2-7　共模说明

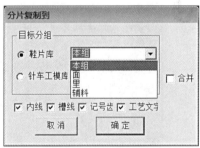

图2-2-6　复制本组

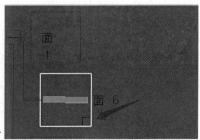

图2-2-8　小正方形标识

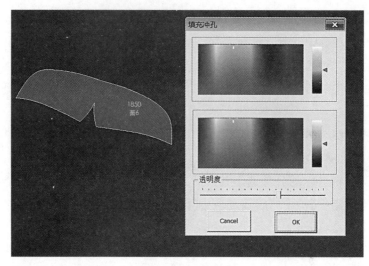

图2-2-9 调色板

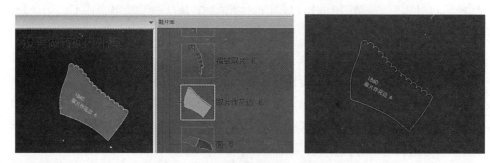

图2-2-10 未做转换内外脚及输出效果

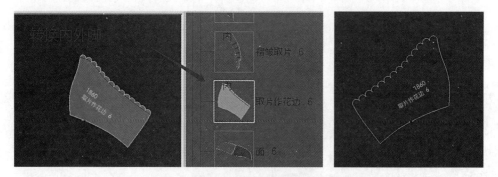

图2-2-11 转换内外脚及输出效果

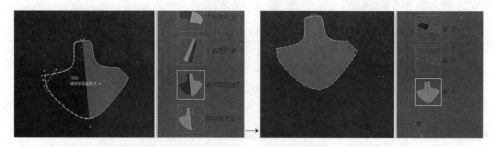

图2-2-12 原位复制及其效果

➢ 离化鞋片线：分离分片母线，重新生成的母线可以随鼠标移动放置指定位置。

➢ 自动修复：对选中的分片由于线不交叉而造成分片破片或母线位移而分片内线并没有进行跟随变化的情况执行此命令。

➢ 换组：对选中分片进行组之间的转移，如从面组转到里组或辅料组。

➢ 输出：对选中分片输出到切割控制台。

➢ 鞋片转移：对选中分片进行位置转移，但母线还保持在原位。

➢ 鞋片归零：使选中的执行过鞋片转移的分片回到原始位置与母线重合。

➢ 插入空白格：在所选分片后面加一个没有分片的位置。

➢ 生成跷度样：对于选中的分片自动生成内外的跷度样板。

➢ 鞋片不输出：对于选中的分片设定为不能被输出切割。

2．属性

在操作区域对单条线或单个图形进行详细信息查看，如线长、图层、颜色等。

3．图库

图库用于存储各种类型的图形或半面版线条，方便日后在不同文档中随时调用。

➢ 存储：左键选择或框选组成图形的线条或图案，单击右键，弹出菜单，选择添加到图库。

➢ 调用：左键单击图库，选择合适的图形，左键单击，滑动光标至操作区域指定位置即可。

4．系统

系统用于进行常用的参数设定和调用，如图2-2-13所示。各项说明如下：

➢ 当前色：当前描绘或新生成的线颜色。

➢ 当前层：当前描绘或新生成的线归属于哪一个层。

➢ 移点距离：通过移动节点来改变实体的大小和位移，上下左右四个方向键每按一次的移动节点的距离数值。

➢ 前转角：在操作区域对实体进行旋转角度数值。

➢ 后转角：在切割控制台对实体进行旋转角度数值。

➢ 线宽：当前在用的线宽设定值。

➢ 曲线捕捉亮选开关：打钩，当鼠标指针靠近线或图形时会呈高亮状态，反之则不会。

图2-2-13 系统参数设定和调用

➢ 清理临时层：一键清理在操作区域测量所标记的临时层数据或归属临时层的线和图形。

➢ 清理背景层：一键清理在操作区域所有背景层属性的线或图形。

四、操作区域

操作区域各项如图2-2-14所示。

操作区域内网格在设定过"屏幕1：1矫正系数"的情况下，单击 1:1显示 后，网格的*XY*标尺数值与实际数值是相等的。

操作区域内对线或其他图形（圆除外）单击右键弹出如图2-2-15所示对话框，对话框中各项说明如下。

1．颜色

➤ 对所选实体标注不同的基本颜色，如图2-2-16所示。通过"规定自定义颜色"选项来自行调出适合的颜色，并"添加到自定义颜色"，作为备选项，如图2-2-17所示。

图2-2-14　线条右键属性对话框

图2-2-15　对线或图形右键对话框

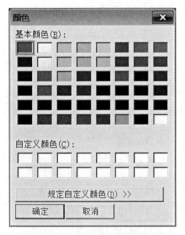

图2-2-16　颜色对话框

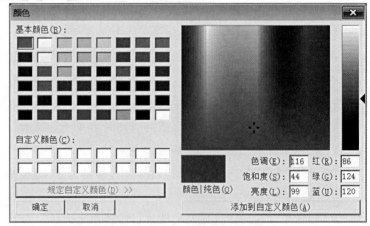

图2-2-17　规定自定义颜色

2．曲线重构

选中单个实体，单击右键，弹出如图2-2-18所示对话框，数值以20来举例，各项说明如下：

➤ 按平均距离：将曲线节点之间距离以最接近20mm的数值平均分布在曲线上，不考虑曲线的形状是否会变化，只确定两个节点之间距离平均。

➤ 按均匀距离：将曲线节点之间距离以最接近20mm的数值平均分布在曲线上，曲线的形状以最少的变化为基准，所以两个节点之

图2-2-18　曲线重构参数

间的距离不一定是平均的，只是尽量接近20mm的数值。

> 按节点个数：将曲线平均分成18段（即由19个节点组成，节点之间距离相等），同时在曲线的尾端延长一段（与前面的18段的每一段距离相等），不考虑曲线的形状是否会变化，只确定两个节点之间距离平均，节点个数为20个。

> 自由构建：软件自动识别以最接近20个节点的数值来分布在曲线上，保持曲线的形状不变，节点排布不规律。

3．删除

将选中的实体从操作区域去除。

4．母线开鞋片

快速定位线或图形有相关的分片；对一条线或图形单击右键选择此命令，便可在鞋片库存分组里的分片查看，高亮框内的分片有用到此线或图形，如图2-2-19所示。

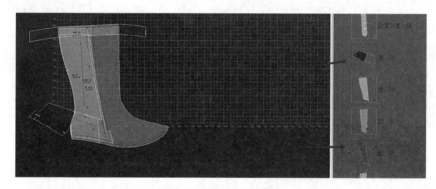

图2-2-19　母线开鞋片

5．层转移

对选中的线或图形进行图层间的转移，如图2-2-20所示。

6．复制到背景层

对选中的线或图形在原位置复制一份放置到背景层，以方便调整线和图形时有参照进行对比，如图2-2-21右图所示是将原线旋转后保留在原位置上的背景层线条。

图2-2-20　层转移

7．原位复制

对选中的线条进行原位置的复制。如果想要对完全重合的线进行选择，鼠标指针指向线，按Tab键一下，如图2-2-22中右图显示对话框进行选择线条，紫色的为复制的新线。

8．添加到图库

将选中的线或图形做成图形保存在图库，如图2-2-23所示。

9．角点/曲线点

角点使线成角，曲线点使线成圆弧，选中点，用此命令可让角点与曲线点互换，如图2-2-24所示。

图2-2-21　复制至背景层效果

图2-2-22　原位复制效果

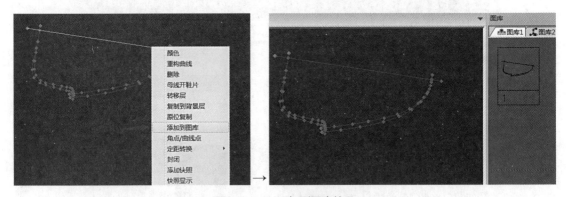

图2-2-23　添加到图库效果

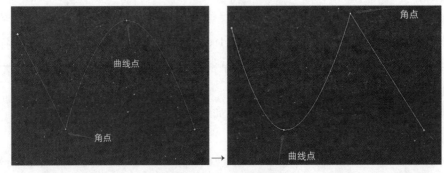

图2-2-24　曲线点效果

10．封闭

对线条进行闭合。

11．添加快照

对线和图形在原位置增加大小一致类似位图的线和图片。

12．快照显示

只对在原位置增加的大小一致类似位图的线和图片进行显示。

13．属性

在操作区域对单条线或单个图形进行详细信息查看，如线长、图层、颜色等。

14．折曲转换

对线进行折线和曲线的互相转换。

通过菜单栏→编辑→打开图像，导入图片放置于操作区域内，最好是在网格内，如图2-2-25所示。通过线条编辑工具勾勒出半面版线条，并对线条进行图层和颜色标定，如图2-2-26所示。通过取片工具取出各类组合的鞋片，并进行分组区分，如图2-2-27所示。

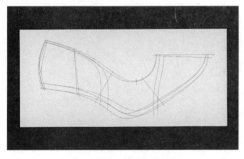

图2-2-25　导入图像

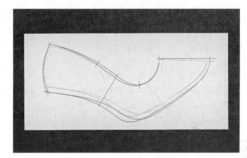

图2-2-26　勾勒半面版

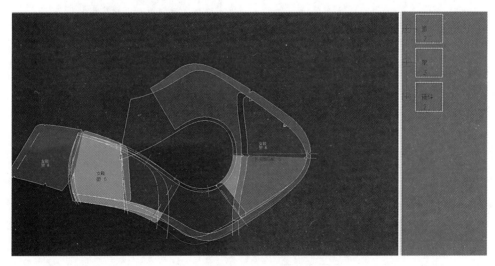

图2-2-27　取片

五、图层管理器

我们可以将图层理解为一层一层的透明板叠在一起。可以在不同的透明板上进行作图，不同的图形在不同的透明板上，通过这些透明板来管理不同的图形。鞋博士开版专家的绘图区就是由很多不同的图层组成。

图层的作用是将不同作用的线条放在不同的层上，达到制鞋图的标准管理。

图层功能执行方法如下：

用鼠标左键单击主菜单【编辑】→【图层特性管理器】，默认状态下图层如图2-2-28所示。

- 删除：可以单击删除键，将不需要的图层删除。只能删除用户生成的图层，开版专家内置的图层不能删除。
- 新建：用来生成一个新的层。用鼠标左键单击【新建】，图层列表就生成一个"新建"图层，可以在图层名上单击左键，进入修改图层名的状态。还可以修改新图层的线型、线色，写新图层的作用说明等。
- 保存为模板：将当前图层特性管理器的所有设置写到模板文件，以后每新建一个文件，图层资料就用当前定义好的图层。
- 删除DXF：自动清理DXF背景层所有的对象。
- 删除背景：自动清理背景层上所有的对象。
- 删除图像：自动清理图像层上所有的对象。
- 清空临时层：自动清理temp层上所有的对象。
- 确定：保存图层设计内容，退出图层特性管理器。
- 开/关：打钩表示绘图区显示该图层上所有的对象，不打钩表示隐藏。

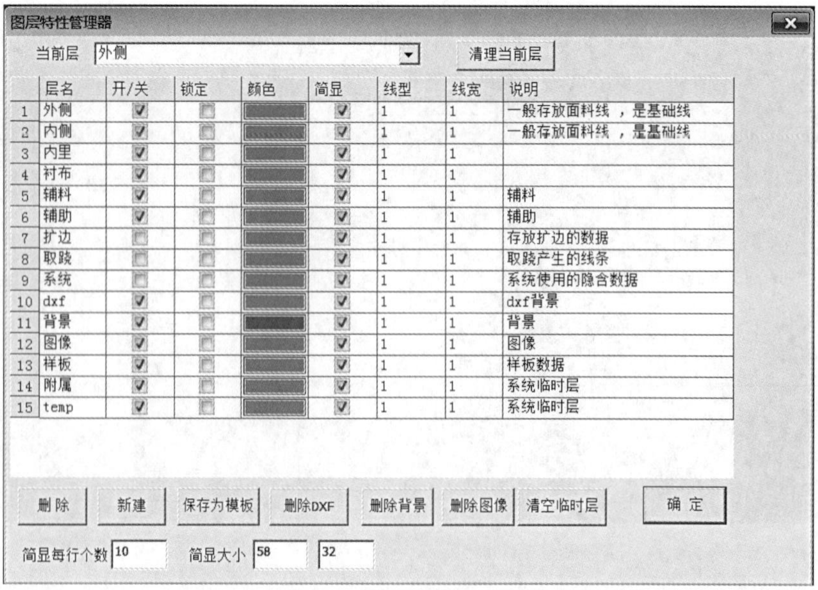

图2-2-28　图层管理器

➢ 锁定：打钩表示该图层上的所有对象锁定，绘图区表现为能看见该层的对象，但是不能编辑。

➢ 颜色：要更改图层颜色时，单击对应颜色处，会弹出选色对话框，如图2-2-29所示。

➢ 线型：线型共有6种，代号如表2-2-8所示。

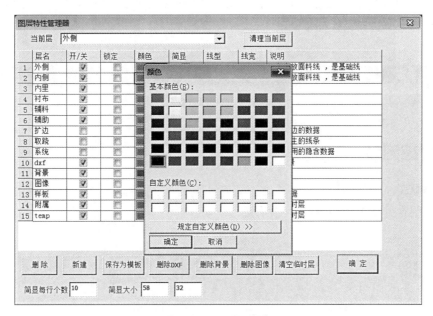

图2-2-29 图层颜色

表2-2-8 线型种类

线型名	线型
1	实线
2	虚线
3	点划线（中心线）
4	虚线（较细）
5	点线（由一点一点组成的线型较疏点）
6	点线（由一点一点组成的线型较密点）

➢ 线宽：有9种线宽供用户选用，默认每一个层的线宽为1，线宽越大，该层的对象在绘图区显示越粗。

六、选取与吸附栏

1. 选取

选取是在鼠标指针没有任何动作的状态下，当指针靠近如图2-2-30所示选项时，对应

图2-2-30 选取

的实体便会高亮起来，进行精确选择。

2．吸附栏

吸附栏是鼠标指针在命令的状态下，当指针靠近如图2-2-31所示选项时，对应的捕捉点便会高亮起来，进行精确捕捉的吸附。

图2-2-31 吸附栏

七、切割控制台

1．菜单栏

切割控制台的菜单栏如图2-2-32所示。

图2-2-32 菜单栏

> 开版：从切割控制菜单切换到开版文档菜单。

> 打开项目：打开已保存的切割文档。

> 保存项目：初次保存时进行创建文档并选择路径进行保存，在已存档文件基础上再继续排版需要不定时保存数据。

> 打开余纸：打开之前已切割过排版剩下的定位（格式后缀为sor+切割机编号：sor/sor1/sor2……）。

> 保存余纸：将当前切割过排版剩下的定位进行保存，以备下次调用（格式后缀为sor+切割机编号：sor/sor1/sor2……）。

> 追加项目：将不同的切割文档（格式后缀为sot）里的鞋片追加到一个文档里进行排版。

> 切割：将切割文档内选中的页面内容输送到切割机进行切割。

> 设置非切割区域：当用此命令选定的范围内所有鞋片将不被切割。

> 测量：测量两点之间的直线距离。

> 旋转：对单个或多个鞋片进行原地以支点来旋转。

> 激活：设定将鞋片输出切割后的状态（鞋片呈灰色）叫作"冻结"，若要对冻结的鞋片再次进行原位切割或重新排版，在这种情况下的动作叫作"激活"。

> 加页：切割控制台没有排版页面时，可执行此命令，每点击一次加一个页面。
> 移动/选择：选择单个或多个鞋片执行位置变化时执行的动作移动鞋片和选择鞋片（当鼠标指针没有执行任何命令时，指针直接单击或框选，再对其中一个鞋片单击即可完成以上移动/选择的动作）。
> 清理：将排版页面和页面里所有鞋片进行清除。
> 锁定/解锁：将选中鞋片执行此命令单击，立即锁定鞋片，避免被选择或切割。需要时再选中鞋片执行此命令单击，即解锁鞋片。
> 复制：对已切割过的鞋片（冻结）或被锁定的鞋片都可单击和框选，执行"复制"命令，再单击选中的某一个鞋片即可进行单个或多个复制。
> 翻转：对输出到切割控制台的鞋片进行左右脚翻转。
> 散开鞋片1：对输出的分片按名称从小到大以Y轴方向由下往上排列。
> 散开鞋片2：对输出的分片按名称从小到大以X轴方向由左往右排列。
> 手动连排：执行命令，输出的所有分片中从大到小依次自动抓取到鼠标上进行排列，排版过程中需要切换下一个鞋片时，单击右键即可切换；手动连排的过程中要暂停排版，按Esc键可退出此命令。
> 自动排版：对所输出的所有分片按给定的要求进行自动优化排列。
> NetDir：指定切割文档或余纸文档的目标路径。
> 切割机组六项：可支持多台切割机，对每台切割机进行切割范围设定后，可选定每台切割机增加页面或排版或切割控制。
> 数据导出：对输出的鞋片进行DXF数据按需要输出，兼容各种放版与开版软件，如图2-2-33所示。
> 下料设备对接：对接各类型激光或裁皮机切割数据，如图2-2-34所示。
> 算量数据对接：与算料软件的对接，如图2-2-35所示。
> 其他：系统设置、测试、辅助工具，如图2-2-36所示。

2. 切割工具栏

切割工具栏是从菜单栏里提取常用的工具，如图2-2-37所示。

3. 排版区域

将输出的鞋片进行排版切割，在排版页面单击右键则弹出如图2-2-38所示对话框。

> 切割：将切割文档内选中的页面内容输送到切割机进行切割。
> 选择切割：有五组切割参数自行设定所需的项目（选定组→设定组参数后→鼠标指

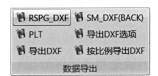
图2-2-33　数据导出

图2-2-34　下料设备对接

图2-2-35　算量数据对接

图2-2-36　其他

向该组名称同时按住Shift键→点击鼠标右键→填写组名称→单击OK确认保存），如图2-2-39所示。

- ➢ 二次切割：对已经输出切割的鞋片再次以同样的设定重切一遍，不需要激活鞋片;否则要激活鞋片，再设定所需参数。
- ➢ 输出DXF：导出与各软件、机器互通的线条格式。
- ➢ 打开余纸：打开之前已切割过排版剩下的定位。
- ➢ 保存余纸：将当前切割过排版剩下的定位进行保存，以备下次调用。
- ➢ 输出DIE：对接机器的专用格式（可接受定制）。
- ➢ 散开鞋片：软件自动优化最佳的排列散开在排版页面。
- ➢ 清理：将排版页面和页面里所有鞋片进行清除。
- ➢ 输出项目：按需要将各项内容导出，如图2-2-40所示。
- ➢ 开默认余纸：打开当前电脑已切割最新保存的余纸。

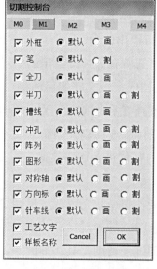

图2-2-37　切割　　　图2-2-38　排版区域　　　图2-2-39　选择切割　　　图2-2-40　输出选项
　　工具栏　　　　　　　对话框

📝 项目实操

1．目的与要求

对线条图案编辑工具由浅到深操练，从单一工具到几种工具互相配合，实现线条与图形图案的变化与位移；从取片取跷工具到鞋片编辑的使用，以及多种工具使用，将最终鞋片效果呈现；根据鞋型与结构需要对线条与图形图案进行级放锁定或进行多维级放控制。

2．操练内容

（1）依次将线条、图案编辑初级题库、中级题库、高级题库进行完全通过式的练习。

（2）依次将取片取跷与鞋片编辑初级题库、中级题库、高级题库进行完全通过式的练习。

（3）依次将级放初级题库、中级题库、高级题库进行完全通过式的练习。

3．考核标准（100分/组题）

（1）线条、图案编辑初级题库40分，线条、图案编辑中级题库30分，线条、图案编辑高级题库30分。

（2）取片取跷与鞋片编辑初级题库40分，取片取跷与鞋片编辑中级题库30分，取片取跷与鞋片编辑高级题库30分。

（3）级放初级题库40分，级放中级题库30分，级放高级题库30分。

任务三

浅口鞋的CAD制版

一、了解浅口鞋的款式设计

浅口鞋指鞋面开口较大、脚尖处开口较低的鞋类，有平底、中跟和高跟浅口鞋，如图2-3-1至图2-3-3所示。浅口鞋在数百年前出现的时候，是一种男用舞鞋，在20世纪才成为女性穿用的鞋款，并一发不可收拾，成为女性出入各种场合常穿的一种时尚鞋品。

图2-3-1　平底浅口鞋　　　　图2-3-2　中跟浅口鞋　　　　图2-3-3　高跟浅口鞋

以下是浅口鞋设计虚拟仿真效果的制作步骤。

1．导入鞋楦

①双击鞋博士开版专家图标打开软件。

②从左上角导航菜单【新建3D】进入，并选择要开版的电子鞋楦文件：Q2HQT_60.rf，如图2-3-4所示。

③导入鞋楦预处理参数选择。选择【打开】按钮，导入鞋楦，需要对导入的鞋楦进行预处理，如图2-3-5所示。各项说明如下：

➤ 标准放置：指电子鞋楦文件已预处理好，不允许对位置更改。

➤ 原位不动：系统对鞋楦进行计算后，默认会将鞋楦以楦底部后端中心点为原点坐标，以楦底后端中心点、楦前尖中心点、楦统口后端中心点三点共面来重新摆放；

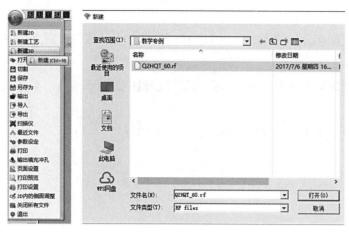

图2-3-4　新建3D

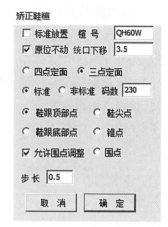

图2-3-5　矫正鞋楦

若选择了原位不动，则仅仅做预处理，不改变电子鞋楦原来摆放的位置。

➤ 四点定面：楦底后端中心点、楦前尖中心点、楦统口后端中心点、楦统口前端点这四点指定必须共面，公共面一般以楦底后端中心点、楦前尖中心点、楦统口后端中心点确定的面为参考基准面，楦统口前端点由系统自动更正到该参考面上。

➤ 三点定面：楦底后端中心点、楦前尖中心点、楦统口后端中心点，楦统口前端点不要求在这个面上，用户可做适当调整。

➤ 统口下移：此处填写3.5，多数鞋楦为手工磨楦后用三维扫描来制作电子鞋楦，统口多数情况下会变形，将统口下移3.5mm，保证统口的圆顺。

➤ 码数：填写电子鞋楦的码数，一般女鞋基本码为230，即常说的法码36码，以中国码为参照。

④选择【确定】后，生成待设计与3D展平的鞋楦数据，如图2-3-6所示，单击【显隐鞋楦】，可看到已生成后弧线、背中线、统口线、底边线、底中心线以及跖围线。

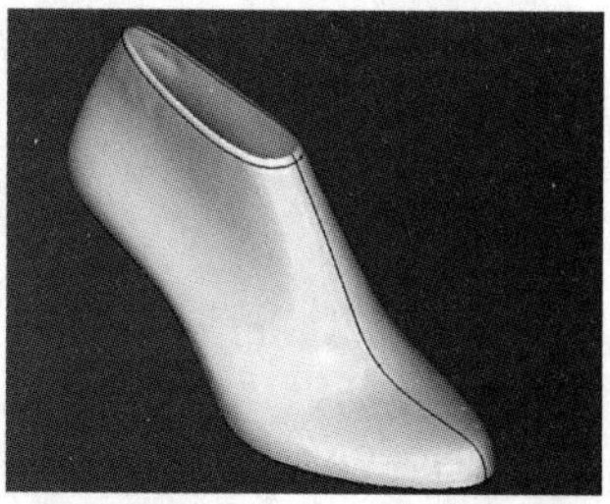

图2-3-6　生产鞋楦

2. 绘制款式线

①单击工具下的【浅口线】按钮，弹出浅口线参数对话框，如图2-3-7所示，设置参数。

②单击预览，可查看效果，并调节数据，调到自己想要的效果。用画线工具绘制主跟和内包头帮面线，然后整体绘制线条效果，如图2-3-8所示。

3. 分片提取

进入3D建模界面，单击"提取鞋片"命令，依次提取线条，右键确定，效果如图2-3-9所示。

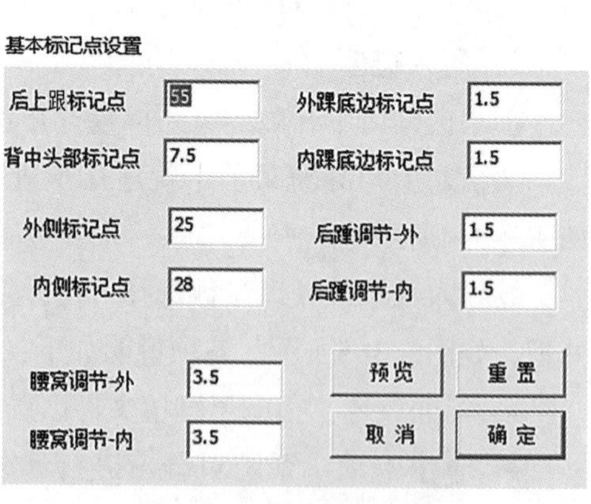

图2-3-7　基本标记点设置

图2-3-8　转2D线条效果

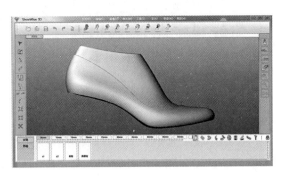

图2-3-9　提取鞋片

4. 导入跟底部件

在软件右下角管理库中的部件库单击【新建部件】，依次导入跟底部件，（从外部导入的部件支持STL和IGES等格式），如图2-3-10至图2-3-12所示。

5. 配置材质

在右侧系列栏里选择部件，单击右键进入编辑界面进行材质编辑，如图2-3-13和图2-3-14所示，配置两款材质。

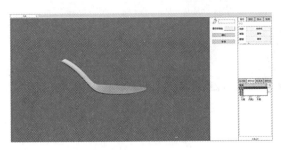

图2-3-10　添加大底

图2-3-11　添加鞋跟

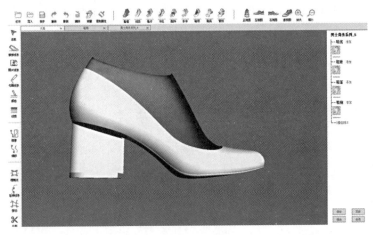

图2-3-12　组合

图2-3-13　黑色材质

图2-3-14　蓝色材质

二、浅口鞋CAD制版步骤

1. 浅口鞋半面版制作

用于制作3D效果图的款式线可直接采用，因此可直接打开3D效果设计的款式线开始，首先展平半面版。

①选择展平菜单下的"自动帮脚处理"，并勾选"内部线自动延长"和"内外相同"复选框，如图2-3-15所示，单击【确定】。

②选择展平菜单下的"楦面展平"，鞋楦类型选【浅口】，各项参数如图2-3-16所示，单击【确定】，获得如图2-3-17所示展平效果。

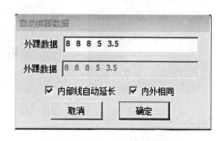

图2-3-15　自动帮脚数据

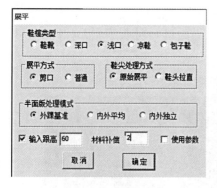

图2-3-16　展平

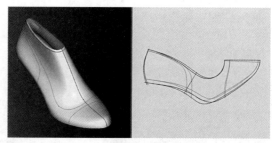

图2-3-17　展平效果

2. 浅口鞋帮样板制作

（1）半面版预处理

针对展平的半面版进行处理，如图2-3-18所示，以备后续使用。

①将后套里、后套半面版后弧线中段和上段处直接做拉直处理，生成新的直线，下段仍保留弧形；

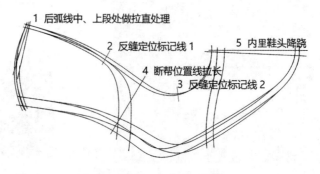

图2-3-18　展平的半面版

②增加反缝定位标记线1；

③增加反缝定位标记线2；

④将内踝断帮位置线拉长，超过鞋口线，方便后续以此线作标记线；

⑤内里鞋头降跷（注意：有的工厂也做平铺处理）。

（2）制作外鞋身面版

①使用【内外片】工具，取外鞋身样板。选择菜单栏鞋片下的【内外片】工具或单击左边工具箱【内外片】快捷按钮，从对称边开始依次选择外鞋身外踝线条，空白处单击右键结束，弹出对话框单击确定，外鞋身外踝选择成功，如图2-3-19所示。再从对称边开始依次选择外鞋身内踝线条，如图2-3-20所示，单击右键确认，生成外鞋身净样片取片，如图2-3-21所示。

②后弧加合缝量1.5mm。选择菜单栏鞋片编辑下的【扩边】或单击左侧工具箱中的【扩边】工具，还可以使用快捷键K，弹出扩边对话框，选择扩变量2，单击后弧线，再在空白处单击，完成合缝加量，如图2-3-22所示。

③使用【扩边】工具将鞋口反缝加量3mm，如图2-3-23所示。

④外鞋身内踝断帮位采用宽合缝，加量4mm，并自动加槽线。单击【模板/参数】，勾选【记号】复选框，单击外鞋身内踝断帮线，再在空白处单击，外鞋身内踝断帮位向外扩边4mm，生成宽合缝量，如图2-3-24所示。

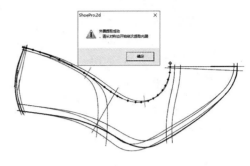

图2-3-19　外鞋身取外踝

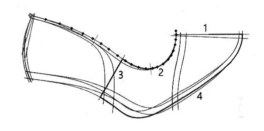

图2-3-20　外鞋身取内踝

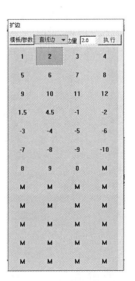

图2-3-22　后弧加合缝

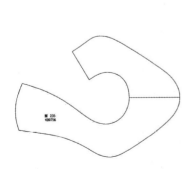

图2-3-21　生成鞋身净样片取片

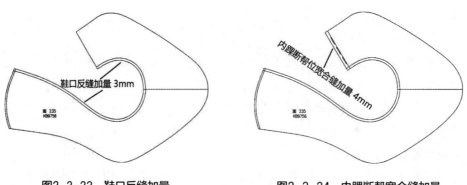

图2-3-23　鞋口反缝加量　　　　　　图2-3-24　内踝断帮宽合缝加量

⑤添加辅助定位标记线。单击菜单栏鞋片编辑下的【加线】工具或单击左边工具箱【加线】快捷按钮，还可以使用快捷键T，然后单击相应线条，添加辅助定位标记线，如图2-3-25所示。

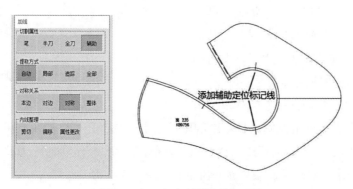

图2-3-25　添加辅助定位标记线

⑥添加记号齿。单击菜单栏鞋片编辑下的【记号齿】工具或单击左边工具箱【记号齿】快捷按钮，还可以使用快捷键R，中线加齿在选项中选择中分，除中线外的边沿加齿在选项中选择中垂，如果要在辅助线与分片边沿处加齿，则需按住Ctrl键，鼠标指针指向交叉点处单击要做记号的线添加记号齿，如图2-3-26所示。

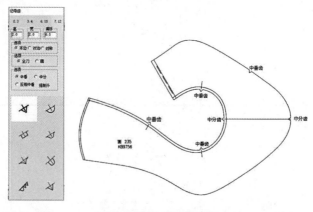

图2-3-26　添加记号齿

⑦添加裁向标。单击菜单栏工具下的【裁向标】工具或单击左边工具箱【裁向标】快捷按钮，添加裁向标，单击分片需要添加裁向标位置，确定裁向标起点，按Tab键，更改裁向标样式，选择需要的样式，滑动鼠标，单击左键，完成添加裁向标，如图2-3-27所示。

⑧添加工艺标注。单击菜单栏鞋片编辑下的【鞋片属性】工具或单击左边工具箱【鞋片属性】快捷按钮，还可以使用快捷键Y（运用鞋片属性），添加工艺标注。单击鞋片属性上的分片按钮，分片按钮转为工艺，在对话框的编辑框中填写需要标注的内容，单击确定，然后单击对话框下面单元格中的标注内容，再单击分片需要标注的位置进行标注，如图2-3-28所示。

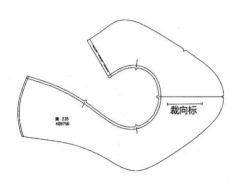

图2-3-27　添加裁向标

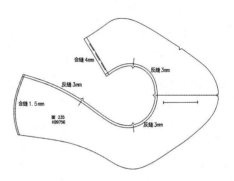

图2-3-28　添加工艺标注

⑨样板命名。单击菜单栏鞋片编辑下的【鞋片属性】工具或单击左边工具箱【鞋片属性】快捷按钮，还可以使用快捷键Y（鞋片属性），进行样板命名。单击鞋片属性上的工艺按钮，分片按钮转为分片，在对话框的编辑框中填写分片名称外鞋身，单击确定，然后单击对话框下面单元格中的名称，再单击分片，完成外鞋身命名，如图2-3-29所示。

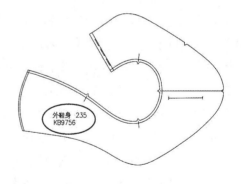

图2-3-29　命名样板名称

（3）制作鞋里面板

①使用鞋片下的【手动追踪】工具，取内鞋身样板。选择菜单栏鞋片下的【手动追踪】工具或单击左边工具箱【手动追踪】快捷按钮，还可以使用快捷键Q，依次点击半面版内踝线条，如图2-3-30所示，单击右键确认，生成内鞋身净样片，如图2-3-31所示。

②后弧加合缝量1.5mm。选择菜单鞋片编辑下的【扩边】或使用快捷键Q，还可以单击左边工具箱【扩边】快捷按钮，弹出扩边对话框，选择扩变量2，单击内鞋身后弧线，在空白处单击，完成合缝加量，如图2-3-32所示。

③鞋口反缝加量3mm，如图2-3-33所示。

④内鞋身断帮位加宽合缝量4mm，并自动加槽线。单击【模板/参数】，勾选【记号】复选框，单击内鞋身断帮线，在空白处单击，内鞋身断帮位向外生成宽合缝量，如图2-3-34所示。

⑤添加辅助定位标记线。单击菜单栏鞋片编辑下的【加线】工具或单击左边工具箱【加线】快捷按钮，还可以使用快捷键T，添加辅助定位标记线，如图2-3-35所示。

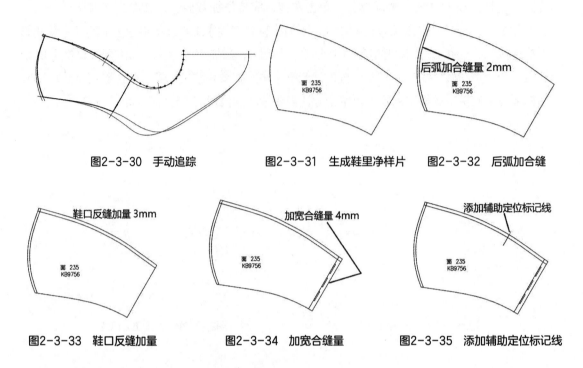

图2-3-30 手动追踪   图2-3-31 生成鞋里净样片   图2-3-32 后弧加合缝

图2-3-33 鞋口反缝加量   图2-3-34 加宽合缝量   图2-3-35 添加辅助定位标记线

⑥添加记号齿。单击菜单栏鞋片编辑下的【记号齿】工具或单击左边工具箱【记号齿】快捷按钮，还可以使用快捷键R，在选项中选择中垂，单击分片边沿，完成添加记号齿，如图2-3-36所示。

⑦添加裁向标。单击菜单栏工具下的【裁向标】工具或单击左边工具箱【裁向标】快捷按钮，添加裁向标，单击内鞋身样板需要添加裁向标位置，确定裁向标起点，按Tab键，切换裁向标样式，选择合适的样式，单击，如图2-3-37所示。

图2-3-36 添加记号齿

⑧添加工艺标注。单击菜单栏鞋片编辑下的【鞋片属性】工具或单击左边工具箱【鞋片属性】快捷按钮，还可以使用快捷键Y（鞋片属性），添加工艺标注。单击鞋片属性上的分片按钮，分片按钮转为工艺，在对话框的编辑框中填写需要标注的内容，单击"确定"，选择合适的位置进行标注，如图2-3-38所示。

⑨命名样板名称。单击菜单栏鞋片编辑下的【鞋片属性】工具或单击左边工具箱【鞋片属性】快捷按钮，还可以使用快捷键Y（鞋片属性），进行样板命名。单击【鞋片属性】上的工艺按钮，分片按钮转为分片，在对话框的编辑框中填写样板名称内鞋身，单击确定，再单击样板，完成内鞋身的命名工作，如图2-3-39所示。

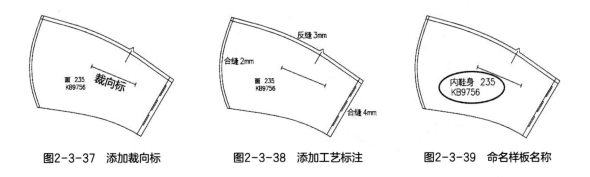

图2-3-37　添加裁向标　　　　图2-3-38　添加工艺标注　　　　图2-3-39　命名样板名称

⑩转换内鞋身为内脚。在鞋片库辅料层，右键单击包头样板，在下拉对话框中选择【转换内外脚】，将内鞋身样板转换为内脚，如图2-3-40所示。

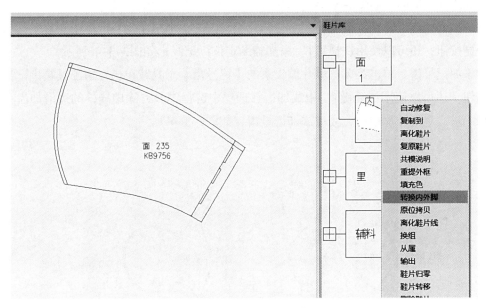

图2-3-40　转换内鞋身为内脚

3.浅口鞋内里样板制作

（1）制作鞋头里板

①使用【内外片】工具，取鞋头里样板。选择菜单栏鞋片下的【内外片】工具或单击左边工具箱【内外片】快捷按钮，从对称边开始依次选择鞋头里内里线条，在空白处右键单击结束，弹出对话框，单击确定，内里板外踝选择成功，如图2-3-41所示。再从对称边依次选择鞋头里内踝线条，如图2-3-42所示。单击右键确认，生成鞋头里净样片样板，如图2-3-43所示。

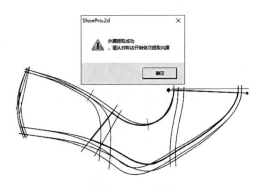

图2-3-41　取外踝

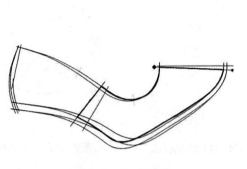

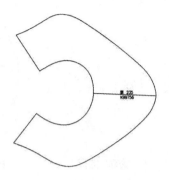

图2-3-42　取内踝　　　　　　　　　　图2-3-43　生成鞋头里净样片

②鞋口反缝加量2mm，如图2-3-44所示。

③加压荐量8mm，如图2-3-45所示。

④添加辅助定位标记线。单击菜单栏鞋片编辑下的【加线】工具或单击左边工具箱【加线】快捷按钮，还可以使用快捷键T，添加辅助定位标记线，如图2-3-46所示。

⑤添加记号齿。单击菜单栏鞋片编辑下的【记号齿】工具或单击左边工具箱【记号齿】快捷按钮，还可以使用快捷键T，中线加齿在选项中选择中分，除中线外的边沿加齿在选项中选择中垂，单击分片边沿，完成添加记号齿，如图2-3-47所示。

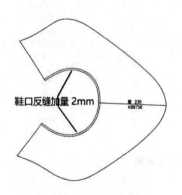

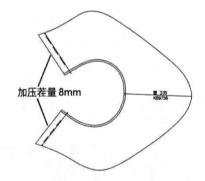

图2-3-44　鞋口反缝加量　　　　　　　图2-3-45　加压荐量

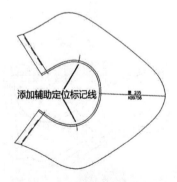

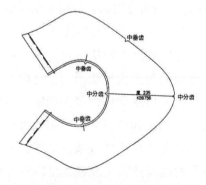

图2-3-46　添加辅助定位标记线　　　　图2-3-47　添加记号齿

⑥压荏位倒角。单击菜单栏鞋片编辑下的【鞋片倒角】工具或单击左边工具箱【鞋片倒角】快捷按钮，将压荏位尖角倒圆角，如图2-3-48所示。

⑦添加裁向标。单击菜单栏工具下的【裁向标】工具或单击左边工具箱【裁向标】快捷按钮，添加裁向标，单击样板需要添加裁向标的位置，按住Tab键，转换裁向标样式，选择需要的样式，单击，如图2-3-49所示。

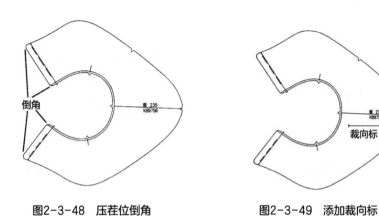

图2-3-48 压荏位倒角   图2-3-49 添加裁向标

⑧添加工艺标注。单击菜单栏鞋片编辑下的【鞋片属性】工具或单击左边工具箱【鞋片属性】快捷按钮，还可以使用快捷键Y（鞋片属性），添加工艺标注。单击鞋片属性上的分片按钮，分片按钮转为工艺，在对话框的编辑框中填写需要标注的内容，单击"确定"，然后单击对话框下的标注内容，再单击样板进行标注，如图2-3-50所示。

⑨样板命名。单击菜单栏鞋片编辑下的【鞋片属性】工具或单击左边工具箱【鞋片属性】快捷按钮，进行样板命名。单击鞋片属性上的工艺按钮，分片按钮转为分片，在对话框的编辑框中填写分片名称鞋头里，单击确定，单击分片完成鞋头里样板命名，如图2-3-51所示。

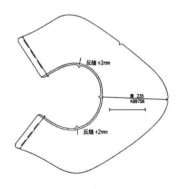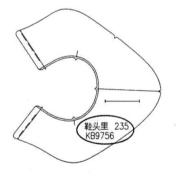

图2-3-50 添加工艺标注   图2-3-51 命名样板名称

（2）制作后帮里样板

①使用【内外片】工具，取后帮里样板。选择菜单栏鞋片下的【内外片】工具或单击左

边工具箱【内外片】快捷按钮，从对称边依次单击后帮里样板外踝线条，在空白处右键单击结束，弹出对话框，单击确定，后帮里外踝选择成功，如图2-3-52所示。再从对称边依次选择后帮里内踝线条，如图2-3-53所示。单击右键确认，生成后帮里净样片，如图2-3-54所示。

②鞋口反缝加量2mm，如图2-3-55所示。

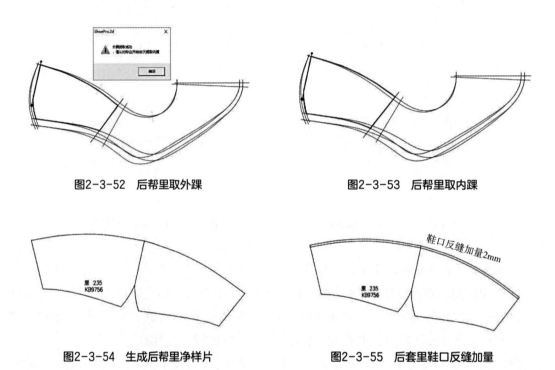

图2-3-52　后帮里取外踝　　　　　　图2-3-53　后帮里取内踝

图2-3-54　生成后帮里净样片　　　　图2-3-55　后套里鞋口反缝加量

③添加辅助定位标记线。单击菜单栏鞋片编辑下的【加线】工具或单击左边工具箱【加线】快捷按钮，还可以使用快捷键T，单击辅助线，添加辅助定位标记线，如图2-3-56所示。

④添加记号齿。单击菜单栏鞋片编辑下的【记号齿】工具或单击左边工具箱【记号齿】快捷按钮，中线加齿在选项中选择中分，除中线外的边沿加齿在选项中选择中垂，单击样板边沿，完成添加记号齿，如图2-3-57所示。

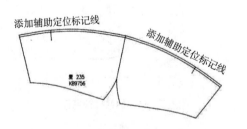

图2-3-56　后套里添加辅助定位标记线

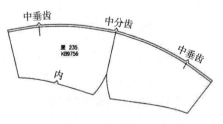

图2-3-57　后套里添加记号齿

⑤添加裁向标。单击菜单栏工具下的【裁向标】工具或单击左边工具箱【裁向标】快捷按钮，添加裁向标，单击分片需要添加裁向标的位置，按Tab键切换裁向标样式，单击，如图2-3-58所示。

⑥添加工艺标注。单击菜单栏鞋片编辑下的【鞋片属性】工具或单击左边工具箱【鞋片属性】快捷按钮，添加工艺标注。左键单击鞋片属性上的样板按钮，分片按钮转为工艺，在对话框的编辑框中填写需要标注的内容，单击"确定"，然后单击对话框下的标注内容，再单击样板需要标注的地方进行标注，如图2-3-59所示。

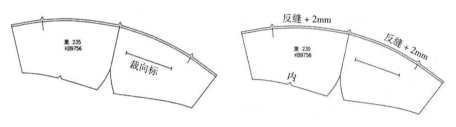

图2-3-58　后帮里添加裁向标　　　　图2-3-59　后套里添加工艺标注

⑦样板命名。单击菜单栏鞋片编辑下的【鞋片属性】工具或单击左边工具箱【鞋片属性】快捷按钮，样板命名。单击鞋片属性上的工艺按钮，切换按钮为分片，在对话框的编辑框中填写样板名称后套里，单击确定，选择对话框下的名称，再单击样板，完成后套里命名，如图2-3-60所示。

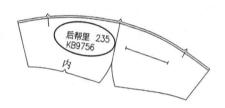

图2-3-60　后帮里命名样板名称

（3）转换内外脚

里板取完之后，将有内外区分的鞋头里、后帮里用【转换内外脚】工具进行转换，如图2-3-61。

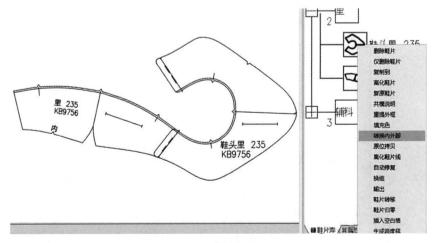

图2-3-61　后帮里转换内外脚

4．浅口鞋主跟、内包头制作

（1）浅口鞋主跟制作

①使用【内外片】工具，取主跟样板。选择菜单栏鞋片下的【内外片】工具或单击左边工具箱【内外片】快捷按钮，从对称边依次选择主跟外踝线条，单击右键结束，弹出对话框，单击确定，主跟外踝选择成功，如图2-3-62所示。再从对称边依次选择主跟内踝线条，如图2-3-63所示。单击右键确认，生成主跟净样片，如图2-3-64所示。

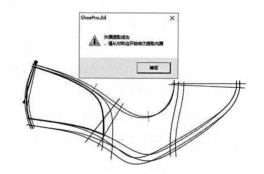

图2-3-62　主跟取外踝

②添加记号齿。单击菜单栏鞋片编辑下的【记号齿】工具或单击左边工具箱【记号齿】快捷按钮，还可以使用快捷键R，中线加齿在选项中选择中分，除中线外的边沿加齿在选项中选择中垂，单击样板边沿，完成添加记号齿，如图2-3-65所示。

图2-3-63　主跟取内踝

③主跟倒角。单击菜单栏鞋片编辑下的【倒角】工具或单击左边工具箱【鞋片倒角】快捷按钮，主跟尖角处倒圆角，如图2-3-66所示。

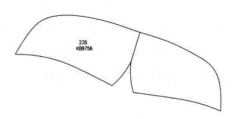

图2-3-64　生成主跟净样片

④样板命名。单击菜单栏鞋片编辑下的【鞋片属性】工具或单击左边工具箱【鞋片属性】快捷按钮，样板命名。单击鞋片属性上的工艺按钮，切换按钮转为分片，在对话框的编辑框中填写样板名称1.2热熔胶，单击确定，然后单击对话框下的名称，再单击样板，完成1.2热熔胶的命名，如图2-3-67所示。

图2-3-65　主跟添加记号齿

图2-3-66　主跟倒角

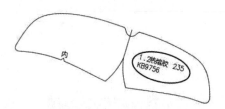

图2-3-67　命名样板名称

（2）浅口鞋内包头制作

①使用【内外片】工具，取内包头样板。选择菜单栏鞋片下的【内外片】工具或单击左边工具箱【内外片】快捷按钮，从对称边依次点击内包头外踝线条，单击右键结束，弹出对话框，单击确定，内包头外踝选择成功，如图2-3-68所示。再从对称边依次选择内包头内踝线条，如图2-3-69所示。单击右键确认，生成内包头样片，如图2-3-70所示。

②添加记号齿。单击菜单栏鞋片编辑下的【记号齿】工具或单击左边工具箱【记号齿】快捷按钮，还可以使用快捷键R，中线加齿在选项中选择中分，除中线外的边沿加齿在选项中选择中垂，单击样板边沿，完成添加记号齿，如图2-3-71所示。

③倒角。单击菜单栏鞋片编辑下的【鞋片倒角】工具或单击左边工具箱【鞋片倒角】快捷按钮，将尖角倒圆角，如图2-3-72所示。

④样板命名。单击菜单栏鞋片编辑下的【鞋片属性】工具或单击左边工具箱【鞋片属性】快捷按钮，样板命名。单击鞋片属性上的工艺按钮，切换按钮转为分片，在对话框的编辑框中填写分片的名称0.6热熔胶，单击确定，然后单击对话框下的名称，再单击样板，完成0.6热熔胶的命名，如图2-3-73所示。

（3）制作内包头衬布样板

①复制包头样板到辅料组。在鞋片库辅料层，右键单击内包头分片，在下拉的对话框中选择【复制到】，弹出对话框，如图2-3-74所示，选择本组，单击"OK"确认，如图2-3-75

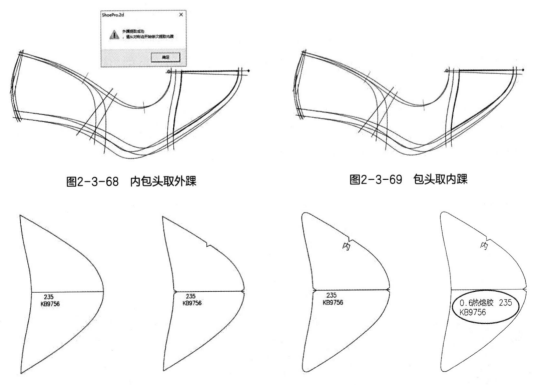

图2-3-68 内包头取外踝　　　　　　　　　　　图2-3-69 包头取内踝

图2-3-70 生成内包头　　图2-3-71 内包头添　　图2-3-72 内包头倒角　　图2-3-73 内包头命名
　　　　样片　　　　　　　　加记号齿　　　　　　　　　　　　　　　　　　　　样板名称

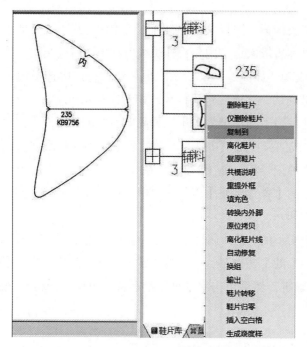
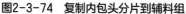

图2-3-74　复制内包头分片到辅料组

图2-3-75　复制确认对话框

所示，内包头样板复制成功。

　　②用【扩边】工具，将内包头上口边沿扩边7mm，完成内包头衬布样板扩边，如图2-3-76所示。

　　③选择【鞋片全角】工具，将内包头衬布内外踝两个尖角进行倒角处理，如图2-3-77所示。

　　④样板命名。单击菜单栏鞋片编辑下的【鞋片属性】工具或单击左边工具箱【鞋片属性】快捷按钮，样板命名。单击鞋片属性上的工艺按钮，切换按钮转为分片，在对话框的编辑框中填写样板名称内包头衬布，单击确定，然后单击对话框下的名称，再单击样板，完成包头布名称命名，如图2-3-78所示。

　　至此，浅口鞋帮样板制作完毕，样板效果如图2-3-79所示。

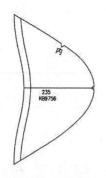

图2-3-76　内包头扩边

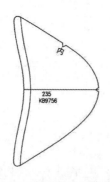

图2-3-77　内包头衬布倒角

图2-3-78　内包头衬布命名样板名称

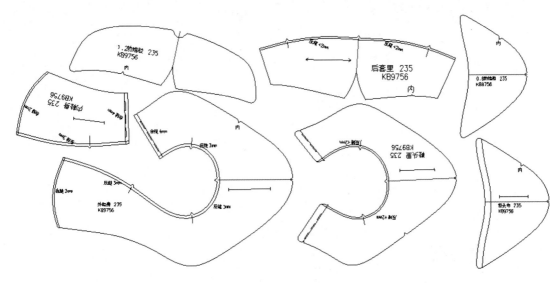

图2-3-79　样板效果

📝 项目实操

1．目的和要求

通过尖头楦浅口鞋的设计和样板制作，使学生掌握制鞋设计与样板制作的基本操作流程和方法。

2．内容

尖头楦浅口鞋设计与样板制作。

3．步骤

①设计三个不同颜色和材料搭配的浅口鞋方案，与当下流行的浅口款式进行对比，请同学评测是否可以用自己设计的虚拟款式销售。

②用电脑从电子鞋楦展平2D半面版，同时用手工展平半面版，做三次，对比四次展平半面版结果的不同之处，找出可能的因素。

③用电脑制作该浅口鞋的帮样板、内里、主跟和内包头等样板。

4．考核标准（100分）

①设计的款式效果是否清晰，结构比例是否恰当。（20分）

②展平的半面版是否自动添加了帮脚，内线是否自动延长处理，浅口线是否圆顺流畅。（20分）

③外鞋身、内鞋身提取是否完整，记号、扩边、记号齿是否正确标记，扩变量是否合理；内里样板是否完整，记号、扩边、记号齿是否正确标记，命名文字调整是否合理；主跟、内包头制作是否正确，记号、记号齿、工艺文字处理是否正确，命名文字调整是否合理。（60分）

项目三

鞋靴CAD工业制版的实际应用

通过解析女鞋、男鞋和运动鞋的CAD制版步骤，了解典型鞋靴款式的制版方法及技巧。

◎ 学习目标

1. 掌握女鞋的CAD工业制版；
2. 掌握男鞋的CAD工业制版；
3. 掌握运动鞋的CAD工业制版。

任务一

横带舌式女鞋的CAD工业制版

横带舌式女鞋

　　舌式女鞋是前帮由围条与围盖组成的鞋子，鞋舌部件结构组合关系可分为整舌舌式鞋和断舌舌式鞋；鞋帮抱脚加强部件又可分为横带舌式鞋（图3-1-1）与橡筋舌式鞋等。舌式女鞋作为正装鞋，是除浅口鞋之外的另一款日常用鞋，其穿着场合广，穿用时间长，深受女性消费者的喜爱。

　　此处横带舌式女鞋（也称为女围盖鞋）的款式说明：鞋的前帮盖上有U字形装饰线，横带的中央有细长的切口，并且在切口加入圆形饰物，是一种无带轻便鞋，鞋跟较低，如图3-1-2所示。

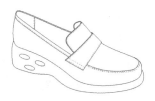

图3-1-1　横带舌式女鞋　　　　　　图3-1-2　横带舌式女鞋款式

一、调整半面版及预设相应线条

1．导出原始半面版

导出原始半面版，如图3-1-3所示。

2．调整半面版及预设相应线条

半面版中相应线条标示如图3-1-4所示，对应说明如下：

图3-1-3　半面版

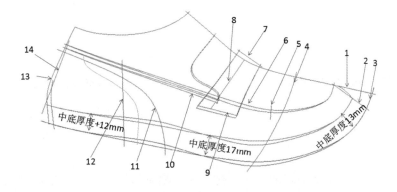

图3-1-4　调整半面版

①延伸背中线至超出帮脚线。

②在围条与背中线交叉点、半面版端点作一条线，延伸至超出帮脚线。

③分别作内外帮脚线，帮脚量：前帮、中帮、后帮加量。

④内包头线：定点要准确（图3-1-5），若太长则行走时帮面压脚，太短则达不到定型效果。

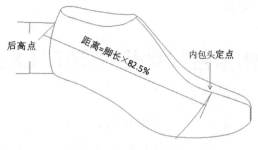

图3-1-5   内包头定点

⑤围条及围盖组合定点线。

⑥围条及围盖内帮线。

⑦横条中轴线与背中线距离：前（面＋衬＋里的总厚度）×2、后（面＋衬＋里的总厚度）×3。

⑧鞋舌与围盖分割线。

⑨横条内帮线。

⑩包口皮线。

⑪主跟线（长度不能超过腰窝点）。

⑫后帮里线（距后弧中心线距离：女上口50mm、下口60mm，男上口55mm、下口65mm）。

⑬处理后弧线，如图3-1-6所示。

⑭后套里及主跟中心线，如图3-1-7所示。

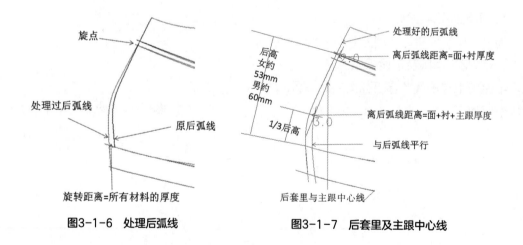

图3-1-6   处理后弧线   图3-1-7   后套里及主跟中心线

二、开版

半面版预设完成，依次提取面、里、衬、辅各相应部件鞋片（样板）。在左下角选项卡中单击"开版工具"，打开左侧开版工具栏，如图3-1-8所示。

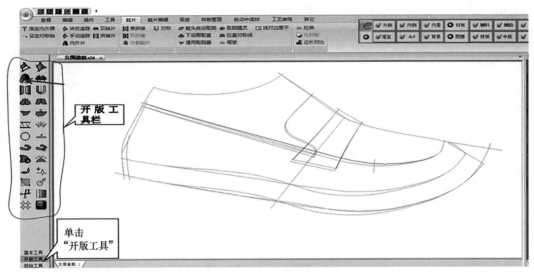

图3-1-8　打开开版工具栏

1. 鞋面编辑

（1）提取围条

方法步骤：如图3-1-9所示，单击开版工具栏中的"内外片"，单击对称线1，顺时针依次单击组成鞋片外踝的所有线条2、3、4，右键结束，弹出提示窗单击确定，单击对称线5，顺时针依次点选组成鞋片内踝的所有线条6、7、8，右键同时按键盘Shift键结束（注：如鞋片后续需做跷度处理则右键同时按住键盘Shift键结束，如鞋片后续无须做跷度处理则直接右键结束），生成内外重叠的鞋片，如图3-1-10所示。

（2）围条降跷

方法步骤：如图3-1-11所示，单击鞋片，单击设定对称轴，单击鞋头自动取跷，提示窗中填写帮底缩减数量，点鞋片内空白处，左键点一下上口取跷范围起点拖到终点点一下再右键退出，单击帮底取跷范围起点拖到终点点一下再右键退出（与对称轴交叉的点为起点），单击提示窗中"OK"，生成展开的已降跷的围条鞋片。注：帮底缩减数量如图3-1-12中右下小图所示。

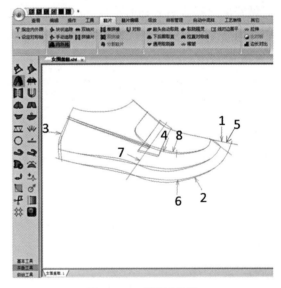

图3-1-9　按顺序选线

生成重叠的围条内外片鞋片

图3-1-10　生成内外鞋片

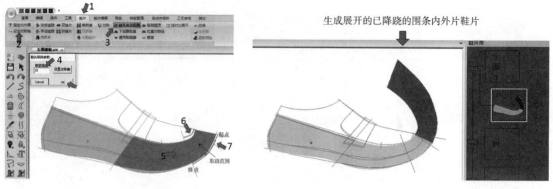

图3-1-11 自动取跷   图3-1-12 生成降跷鞋片

（3）提取围盖

方法步骤：如图3-1-13所示，单击开版工具栏中的"内外片"，单击对称线1，顺时针依次单击组成鞋片外踝的所有线条2、3，右键结束，弹出提示窗点确定，单击对称线4，顺时针依次单击组成鞋片内踝的所有线条5、6，右键同时按键盘Shift键结束（注：如鞋片后续需做跷度处理则右键同时按住Shift键结束，如鞋片后续无须做跷度处理则直接右键结束），生成内外片重叠的鞋片，如图3-1-14所示。

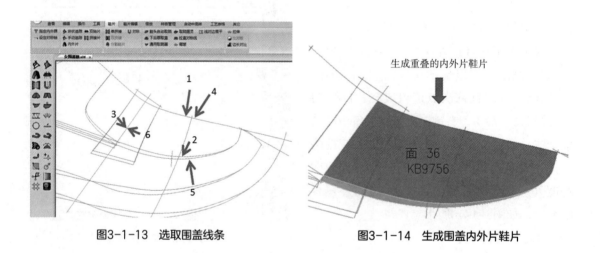

图3-1-13 选取围盖线条   图3-1-14 生成围盖内外片鞋片

（4）围盖取跷

方法步骤：如图3-1-15所示，1设一条取跷辅助线，2、3鞋片组合定点位加线，4单击鞋片，5设定对称轴，6点通用取跷器，7提示窗中单击双踝，8提示窗中单击自定义，9鞋片内空白处单击，10调整标尺（按F3或F4调整角度），0点放置在背中线弯点中央，11调整取跷线（拖动线两头）与标尺垂直，12拖动取跷旋转点放在辅助线与取跷起线交叉点上，如图3-1-16所示。13转跷：按F4降跷，使部分前向的背中线贴近标尺，分次重复11、12、13步，使全部前向的背中线贴近标尺，取跷线调回原点位置，按F5键改变方向，分次重复11、12、13步使全部后向的背中线贴近标尺（降跷时改为按F3键），如图3-1-17所示。单击提示窗内"光顺"调顺变形线段，单击提示窗内"确定"，生成展开的围盖内外片鞋片，如图3-1-18至图3-1-20所示。

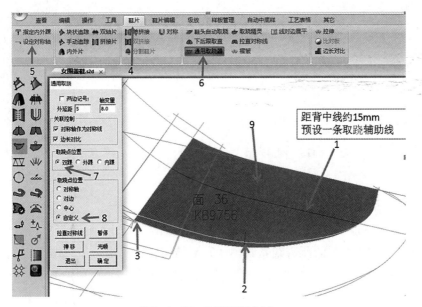

图3-1-15 围盖取跷（1）

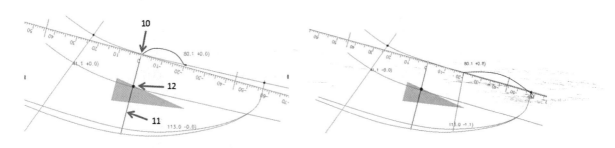

图3-1-16 围盖取跷（2） 图3-1-17 围盖取跷（3）

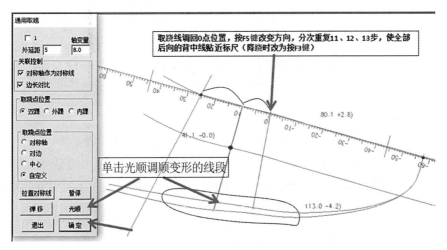

图3-1-18 选取光顺线条并重复

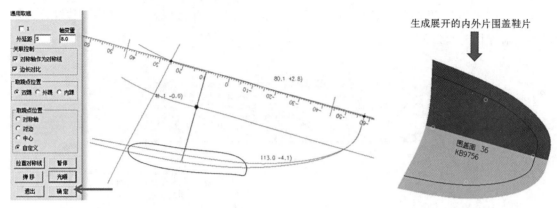

图3-1-19　围盖光顺　　　　　　　　图3-1-20　生成内外片围盖鞋片

（5）提取鞋舌

方法步骤：如图3-1-21所示，单击开版工具栏中的"内外片"🐾，单击对称线1，顺时针依次单击组成鞋片外踝的所有线条2、3，右键结束，弹出提示窗单击确定，单击对称线4，顺时针依次单击组成鞋片内踝的所有线条5、6，右键结束，生成展开的内外片鞋舌，如图3-1-22所示。

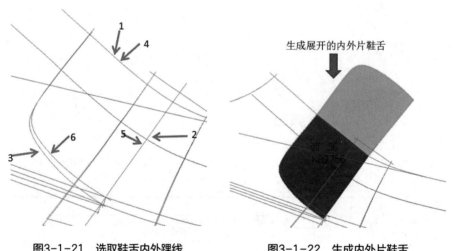

图3-1-21　选取鞋舌内外踝线　　　　图3-1-22　生成内外片鞋舌

（6）提取横条

方法步骤：如图3-1-23所示，单击开版工具栏中的"内外片"🐾，单击对称线1，顺时针依次单击组成鞋片外踝的所有线条2、3、4，右键结束，弹出提示窗单击确定，单击对称线5，顺时针依次单击组成鞋片内踝的所有线条6、7、8，右键结束，生成展开的横条内外鞋片，如图3-1-24所示。

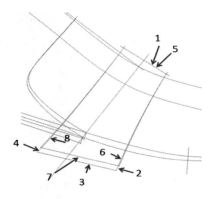

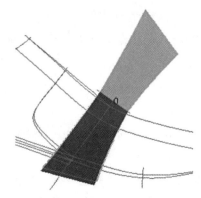

| 图3-1-23　选取横条内外踝线 | 图3-1-24　生成展开的横条内外鞋片 |

（7）提取包口皮

方法步骤：单击开版工具栏中的"内外片" 🔧，单击对称线1，顺时针依次单击组成鞋片外踝的所有线条2、3、4，右键结束，弹出提示窗单击确定，单击对称线5，顺时针依次单击组成鞋片内踝的所有线条6、7、8，右键结束，生成展开的内外鞋片，如图3-1-25和图3-1-26所示。

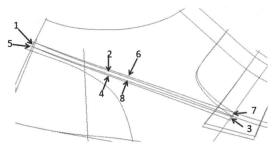

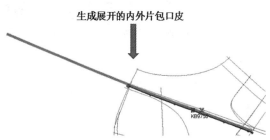

| 图3-1-25　选取包口皮内外踝线 | 图3-1-26　生成内外片包口皮 |

（8）提取内帮

方法步骤：单击开版工具栏中的"手动追踪" 🔧，顺时针依次单击组成鞋片的所有线条1、2、3、4，右键结束，如图3-1-27和图3-1-28所示。

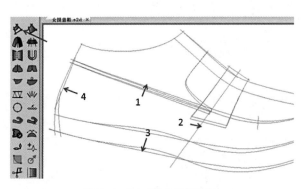

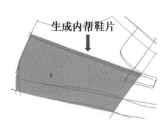

| 图3-1-27　选取内帮线条 | 图3-1-28　生成内帮鞋片 |

（9）内帮面——转换内外脚

方法步骤：1鞋片库中选中鞋片，右键下弹出提示窗，2单击"转换内外脚"即完成转换，如图3-1-29所示。要取消内外脚转换，重复上述操作即可。

2. 鞋片编辑

鞋片提取完成后，可对鞋片进行编辑。

在上方选项中左键单击"编辑"，"设置档案信息"，弹出提示窗，勾选"型体名称"或"客户名称"其中任一项，勾选"名称"，右侧空格内输入信息，单击"确定"，如图3-1-30所示。在上方选项中单击选择"鞋片编辑"，完成准备工作，如图3-1-31所示。

（1）命名

①统一命名。右侧鞋片库，鞋片组内右键，单击"统一命名"，即完成本组所有鞋片的命名，如图3-1-32所示。

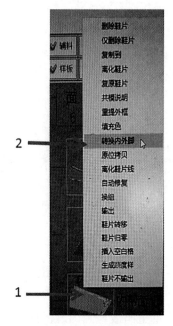

图3-1-29　转换内外脚

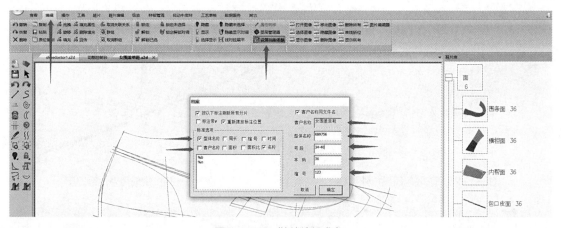

图3-1-30　鞋片编辑准备

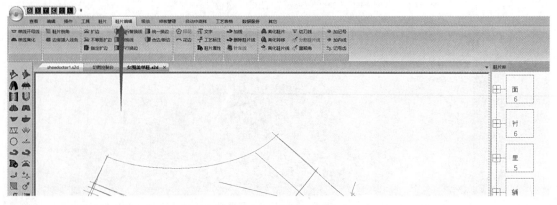

图3-1-31　选择鞋片编辑

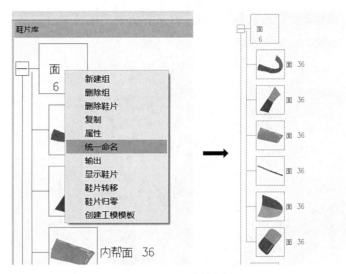

图3-1-32　统一命名

②个别命名。1单击右侧鞋片中单个鞋片，2单击上方工具栏中"鞋片属性"或按键盘快捷键"Y"，在提示窗中表格里单击名称（如无相匹配的名称，可在"鞋片名称"后方格中输入相匹配的名称），4单击确定，5鼠标放在字体左下角将字体拖到理想位置，如图3-1-33所示。

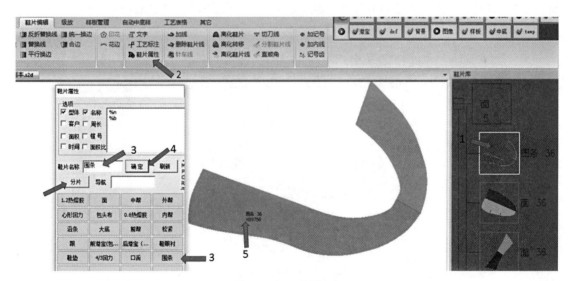

图3-1-33　个别命名

（2）加线

方法步骤：1单击右侧鞋片中单个鞋片，按空格键显示半面版线条，2单击上方工具栏中"加线"或按键盘快捷键"T"，3在提示窗中"切割属性"下方单击线条属性（笔或全刀等），4在提示窗中"对称关系"下方单击线条位置（本边或对边或对称），5依次单击相应线条（线条变色表示加线完成），如图3-1-34所示。删除已加线的方法：按住Alt键不放，左键点击已加的线。如果线条属性需要更改，则1在提示窗下方单击"属性更改"，2弹出小提示窗后单击线条属性即可，如图3-1-35所示。

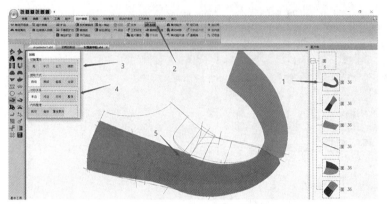

图3-1-34　加线　　　　　　　　　　图3-1-35　属性更改

（3）扩边

方法步骤：1单击右侧鞋片中单个鞋片，2单击上方工具栏中"扩边"或按快捷键"K"，3单击需扩边的边线，4在提示窗中单击扩边量，如图3-1-36所示。如无匹配的扩边量，可在提示窗中输入并保存。例输入并保存2.5扩边量：1选中任何一小格（如M小格），按住Shift键不放同时单击右键，2在小提示窗中将M改为2.5，3单击"OK"，如图3-1-37所示。

图3-1-36　扩边

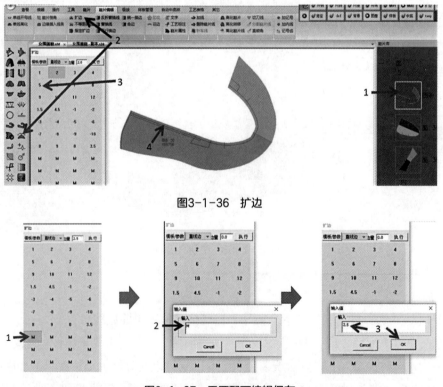

图3-1-37　无匹配可编辑保存

（4）合边

同一线条中，其中一段扩边量大而另一段扩边量小，则应先进行合边处理后再分别扩边。方法步骤：1单击右侧鞋片中单个鞋片，2单击上方工具栏中"合边"，3按住Alt键不放，鼠标在线条中的扩边量差异交接处单击，出现小线段即完成合边，4完成合边后，可用扩边方法分别对线段扩边，如图3-1-38所示。

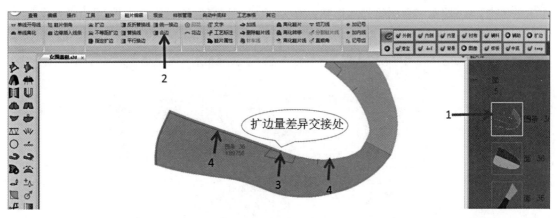

图3-1-38 合边

（5）槽线（在加好线扩好边的状态下做槽线）

方法步骤：1单击右侧鞋片中单个鞋片，2在左侧工具栏单击槽线 或按快捷键S，3提示窗中单击"本边"或"对边"或"对称"，4鼠标在要做槽线条的位置单击，拖动到理想位置后再单击，如图3-1-39所示。删除槽线方法：按住Alt键不放，单击槽线即可。

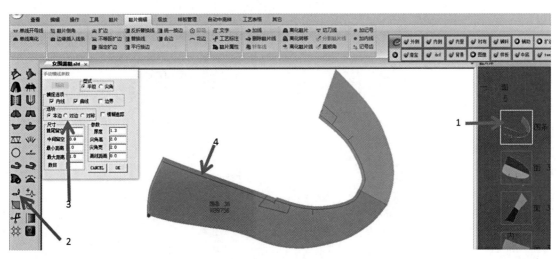

图3-1-39 槽线

（6）加记号（加冲孔）

方法步骤：单击右侧鞋片中单个鞋片，1单击上方工具栏"加记号"，2选择加记号的类型，3调整记号数据，4选择记号的方位，5选择记号的切割属性，6在要加记号的位置单击，如图3-1-40所示。删除记号方法：按住Alt键不放，单击记号即可。

（7）记号齿

方法步骤：1单击右侧鞋片中单个鞋片，2单击上方工具栏中"记号齿"或按快捷键R，3输入记号齿高、宽，4单击"本边"或"对边"，5单击属性"全刀"或"画"，6单击"中垂"或"中分"（如记号齿处在对称片、内外片或双轴片的对称线位置上的则单击"中分"，其他位置的单击"中垂"），7单击记号齿形状，8在需要打记号齿的位置单击（如打内齿鼠标靠内，打外齿鼠标靠外，如记号齿跟样板内线位置不变的就按住Ctrl键不放，鼠标在内线和样板边沿交叉处单击），如图3-1-41所示。删除记号齿方法：按住Alt键不放，单击记号齿即可。

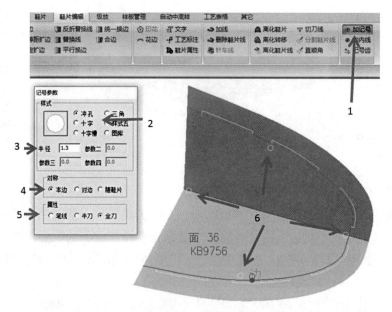

图3-1-40　加记号

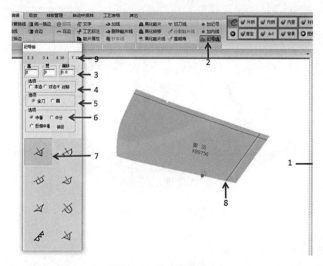

图3-1-41　记号齿

（8）鞋片倒角

方法步骤：单击右侧鞋片中单个鞋片，1单击左侧工具栏或上方工具栏"鞋片倒角"，2鼠标指向需要倒角的位置，3滚动鼠标中键调整倒角数据至大小合适时单击，如图3-1-42所示。删除倒角方法：按住Alt键不放，左键单击倒角即可。

（9）加裁向标

①准备。设一条与背中线前段平行的辅助线。

②加裁向标方法步骤。1在"工具"选项中打开工具栏目，2单击"裁向标"或左侧工具栏，3在样片内拖动出一条与辅助线平行的标记，再单击完成，如图3-1-43所示。删除裁向标方法：按住Alt键不放，单击裁向标即可。

注：处理过跷度的围条，裁向标与内外轴线平行，围盖与横条的裁向标与内外轴线垂直。

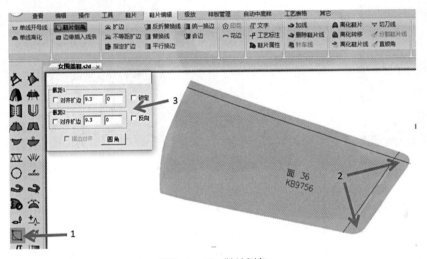

图3-1-42　鞋片倒角

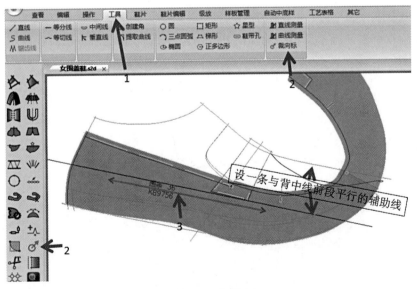

图3-1-43　加裁向标

3．衬、辅料部件样板

衬、辅料部件样板，通常是先复制面料部件样板再通过加边或减边完成，如无匹配的面料部件样板则另行提取样板。

方法步骤：1在右侧鞋片库中选相匹配的面料样板右键下弹出提示窗，2单击"复制到"再次弹出小提示窗，3单击小三角 ▾，4单击衬（复制里则选里，类推），5单击"OK"完成复制，完成复制后重新编辑（改名、边量加减等），如图3-1-44所示。

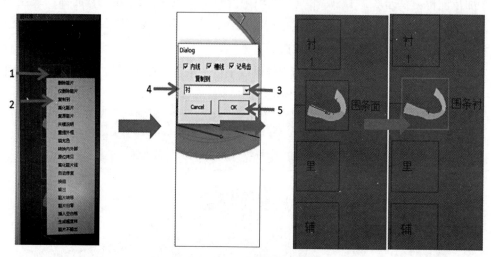

图3-1-44　衬、辅料部件样板

4．里料部件样板

1设一条与背中线前段重合的里料对称线，2在轴线与背中线分叉的位置设一条与对称线垂直的短线，3因围盖经过取跷后中轴线已变长，所以要通过测量，将实际变长的量作为里料的补偿线，如图3-1-45所示。

（1）提取鞋里

方法步骤：单击开版工具栏中的"内外片" 🔺，单击对称线1，顺时针依次单击组成鞋

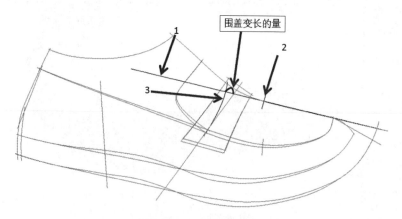

图3-1-45　里料部件准备

片外踝的所有线条（2、3、4、5、6），右键结束，弹出提示窗，单击确定，单击对称线7，顺时针依次单击组成鞋片内踝的所有线条（8、9、10、11、12），右键结束，生成展开的内外鞋片，如图3-1-46和图3-1-47所示。

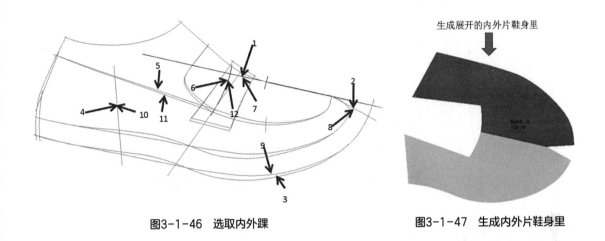

图3-1-46　选取内外踝　　　　　　　　图3-1-47　生成内外片鞋身里

（2）提取后帮里料

用提取内外片的方法提取后帮里料，效果如图3-1-48所示。

完成后的样板如图3-1-49至图3-1-52所示。

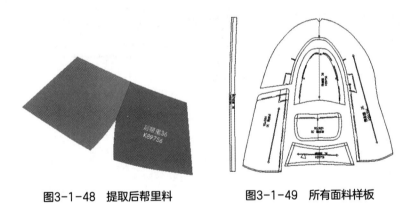

图3-1-48　提取后帮里料　　　　图3-1-49　所有面料样板

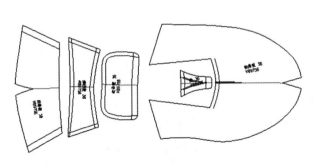

图3-1-50　所有里料样板

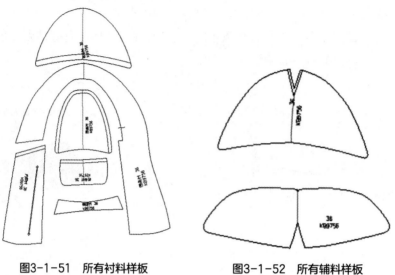

图3-1-51　所有衬料样板　　　　图3-1-52　所有辅料样板

三、级放与切割

在左下角选项卡中单击"级放工具"或在上方选项中单击"级放"，打开左侧级放工具栏，如图3-1-53所示。

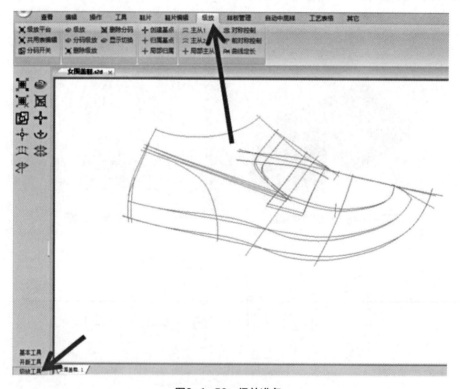

图3-1-53　级放准备

（1）设定级放参数

方法步骤：1单击级放平台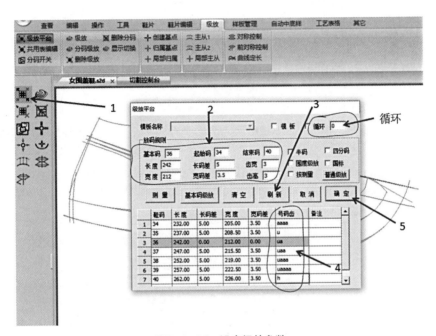，打开级放数据表，2输入级放参数，3刷新，4输入号码齿法则，5确定，如图3-1-54所示。

图3-1-54　设定级放参数

①号码齿法则。H——方齿（代表10），U——圆齿（代表5），A——尖齿（代表1）。注：根据各公司习惯组合方式输入。

②关于循环。如级放34#、35#、36#、37#、38#、39#、40#正常顺序的，则"循环"中输入数字0，如级放6#、7#、8#、9#、10#、11#、12#、13#、1#、2#、3#、4#转折顺序的，则"循环"中输入转折点号码13，结束码则改为13+4=17（转折点号码+转折点后号码个数），起始码6，结束码输入17。

（2）主从控制

方法步骤：1单击从线（受控线），2单击主线，3单击左侧工具栏主从工具，从线变色完成，如图3-1-55所示。取消主从方法：选中已被控的线条右键弹出提示窗，单击"删除主从关系"即可，如图3-1-56所示。

（3）分段控制——创建基点

方法步骤：1单击左侧工具栏创建基点，2在基点位置单击，弹出提示窗，3勾选"分段"，4单击"新建共用表"，5填写共码细则（左键单击鞋码，右键单击共用码，如34#35#共34#单击34#35#后右键单击34#），6单击"保存"，再次弹出提示窗，7输入名称，8单击"OK"，9单击"确定"，基点创建完成，如图3-1-57所示。取消基点归属方法：选中已被控的线条，右键单击，弹出提示窗，单击"删除基点关系"即可，如图3-1-58所示。

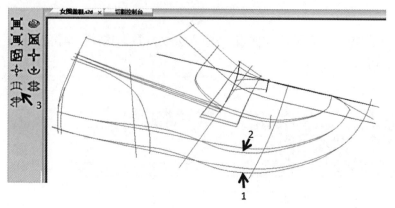

图3-1-55　主从控制

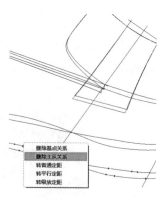

图3-1-56　取消主从关系

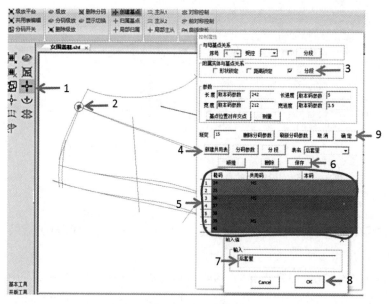

图3-1-57　创建基点

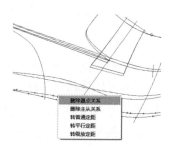

图3-1-58　删除基点关系

（4）分段控制——归属基点

①线条全部归属基点方法步骤：1单击线条（线条发亮），2单击左侧工具栏归属基点 ，弹出提示窗，3单击小三角 ，选择归属序号，4单击"确定"，即完成线条全部归属基点，如图3-1-59所示。

②线条部分归属基点方法步骤：1单击线条（线条发亮），2按快捷键Z左键将部分线段框选在内，右键退出，3单击选择左侧工具栏归属基点 ，弹出提示窗，4单击小三角 ，选择归属序号，5单击"确定"，即完成线条部分归属基点，如图3-1-60所示。

（5）鞋片共码

方法步骤：1选中鞋片，右击弹出提示窗，单击"共模说明"，再次弹出提示窗，3单击"共模"，4单击小三角 ，选择共码表（如无匹配表则新建），5单击"确定"，如图3-1-61

所示。取消共码方法：单击"正常"即可。

（6）打号码齿

方法步骤：1选中鞋片，按快捷键R，打开提示窗，2单击号码齿工具 ✐，3单击鞋片边沿线，完成打号码齿（内齿鼠标靠内，外齿鼠标靠外），如图3-1-62所示。删除号码齿方法：按住Alt键不放，单击号码齿即可。

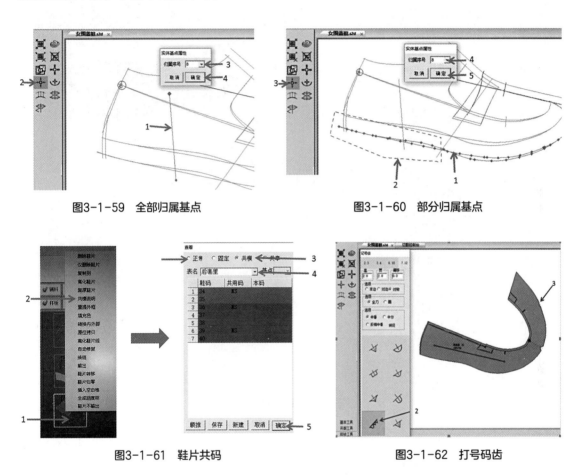

图3-1-59　全部归属基点　　　　　　　　图3-1-60　部分归属基点

图3-1-61　鞋片共码　　　　　　　　图3-1-62　打号码齿

（7）样板级放

方法步骤：1单击左侧工具栏 ◉，弹出提示窗，2选择级放码数，3单击"确定"，如图3-1-63和图3-1-64所示。单击左侧工具栏 ▩ 即可删除级放，如图3-1-65所示。

（8）样板切割

方法步骤：1单击左上角 ⓒ，2打开"切割控制台"界面，3单击上方选项"其它"，4单击"系统参数"，弹出提示窗，5单击提示窗中"系统变量"，再次弹出提示窗，6输入纸张幅面大小、纸张四边留空、样板之间的安全距离等数据，7单击"存切割模板"，再次弹出提示窗，8单击切割机编号，9单击"确定"，10关闭提示窗，如图3-1-66至图3-1-68所示。除非新增切割或纸张幅面大小有变化，需重新设置外，以后无须改动。

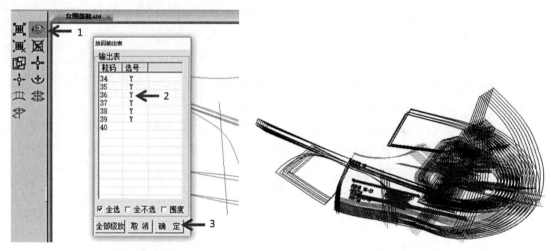

图3-1-63　样板级放　　　　　　　　　　　　图3-1-64　级放完成

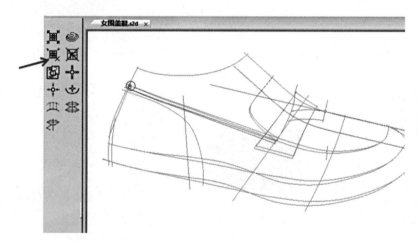

图3-1-65　删除级放

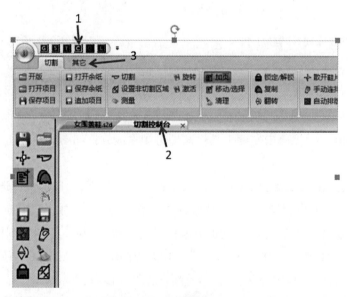

图3-1-66　样板切割（1）

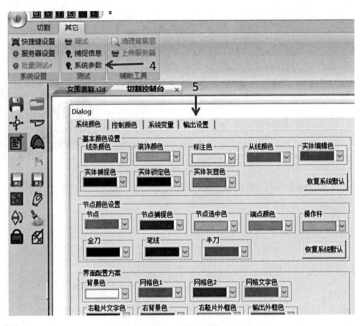

图3-1-67 样板切割（2）

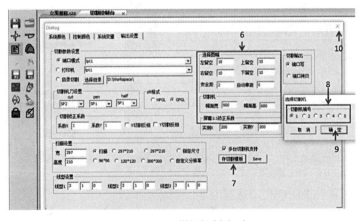

图3-1-68 样板切割（3）

（9）输出鞋片

方法步骤：1左键选中右侧鞋片库鞋片（可按住Ctrl键同时多选）后右键单击，弹出提示窗，2单击"输出"，再次弹出提示窗，3单击选择要输出的号码（Y表示已选，空白表示未选），4单击"确定"，输出完成，如图3-1-69和图3-1-70所示。

（10）排版

方法步骤：1单击左侧工具栏加页 ，2为切割机页面，3单击左侧工具栏"手动连排" （手动连排默认由面积最大的样板优先排），4鼠标指向切割机页面内会出现样板，拖动鼠标到理想位置，按Shift键同时滚动中键调整好样板摆放角度或按F3、F4键调整样板摆放角度，大角度调整按空格键，单击，放下样板，重复上述动作，依次排满切割页面，再单击加页，再排直至排完样板为止（如中途需退出排版，则按Esc键）。手动个别排版：单击选

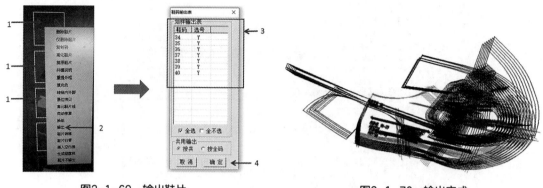

图3-1-69 输出鞋片　　　　　　　　图3-1-70 输出完成

中样板拖动到理想位置，调整好摆放角度，单击，放下。5排好样板，单击左侧工具栏切割工具🔧进行切割，如图3-1-71所示。删除样板：选中样板（可框选多个），按Delete键即可删除样板。

（11）在切割页面复制样板

方法步骤：1在切割页面中选中样板（可框选多个），2单击左侧工具栏"复制"🔧，3再单击已选中的样板，拖动到页面空白位置单击，放下，如图3-1-72所示。

（12）原位重割

方法步骤：1在切割页面中选中样板（可框选多个），右键单击，弹出提示窗，2单击"二次切割"，再次弹出提示窗，3选择切割选项，单击"确定"。

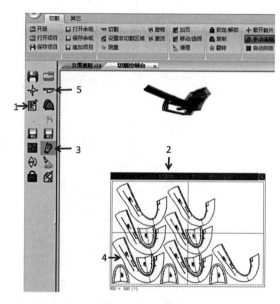

图3-1-71 排版

图3-1-72 在切割页面复制样板

任务小结

1. 工具选用及操作

一般都是左键选用及作业，右键退出使用，在选用第二个工具前最好退出第一个工具，

基本工具
开版工具
级放工具

在作业前最好把相应的界面打开，如左下角基本工具、开版工具、级放工具

和上方选项中的工具（图3-1-73），以便作业中快速找到相应的工具。

查看	编辑	操作	工具	鞋片	鞋片编辑	级放	样板管理	自动中底样	切割	工艺表格	其它

图3-1-73　各类工具

2. 半面版预处理

背中线转弯点的前端拉直要适当（图3-1-74），综合皮料弹性减去适当的量，否则绷帮后鞋头两侧线条会向下掉，横过鞋背的带子要加上皮料厚度及鞋面产生弧度的量（图3-1-75），否则绷帮后鞋带会将带子位置的两侧吊住。后弧线下口要放松处理（图3-1-76），否则会造成鞋口两侧线条向下掉。

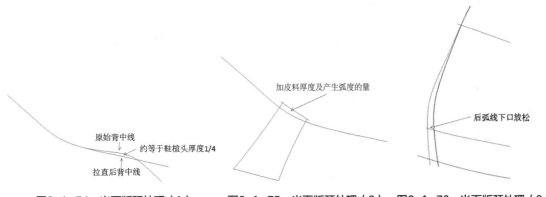

图3-1-74　半面版预处理（1）　　　图3-1-75　半面版预处理（2）　　图3-1-76　半面版预处理（3）

3. 内外片工具的使用

后续无须进行取跷处理的样板直接单击右键生成展开的内外片鞋片，后续需要进行取跷处理的样板按住Shift键，单击右键生成重叠的内外片鞋片，选择合适的工具能提高效率。如围条取跷选用"鞋头自动取跷" 鞋头自动取跷 工具，围盖取跷选用"通用取跷器" 通用取跷器 。

4. 级放

级放前要逐个检查每个样板是否准确，线条及部位的控制或固定等是否做到位，样板共码是否已设置好，第一次使用切割控制台设置好各种参数。

任务二

女高筒靴的CAD工业制版

女高筒靴

　　女高筒靴指筒高到膝盖下沿或超过膝盖以上的靴子，示例如图3-2-1所示。结构分为帮面和靴筒两个部分，设计制版时帮面部分要跟随鞋楦数据；靴筒部分再分为拉链式和无拉链（一脚蹬）式，一般取用靴筒模块数据。女高筒靴是广受欢迎的品类，靴筒的设计可多样化：饰扣皮子、吊链、流苏、多种材料分割搭配等。

　　女高筒靴CAD制版步骤以图3-2-2所示女高筒靴为例讲解。

图3-2-1　女高筒鞋款式

图3-2-2　女高筒靴CAD款式

一、调整半边版及预设相应线条

1．导出原始半面版

导出原始半面版，如图3-2-3所示。

①跖趾围线，如图3-2-3中1所示。

②舟上弯点（2点到1点距离=脚长×33%），如图3-2-3所示。

③通过楦筒中点作垂直于地平线的垂线，如图3-2-3中3所示。

④小趾围线，如图3-2-3中4所示。

⑤兜跟围线，如图3-2-3中5所示。

⑥后高控制点与跖趾围外线中点的连线，如图3-2-3中6所示。

2．设置靴筒

靴筒设置如图3-2-4所示。

①通过后弧下口点作一条水平线。

②通过舟上弯点作一条垂直线并向上延伸。

③距离水平4in位置水平方向作一条4in（1in=2.54cm）高度线。

图3-2-3　导出原始半面版

④通过4in高度线与垂直线2的交叉点作一条前倾5.5°地线，并与半面版的背中线连顺（连顺点在舟上弯点位置）

⑤依次作出6in、8in、10in、12in、14in高度线，量出相对长度（由前倾线交叉点向后量）。

⑥通过各高度线的长度点作靴筒后弧线，并与半面版后线连顺。

⑦背中线在跖趾围线点开始向前拉直。

⑧作内外帮脚线。

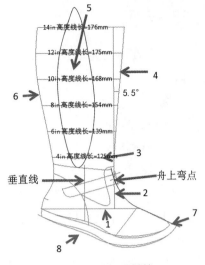

图3-2-4　设置靴筒

3．预设相应线条

预设相应线条，如图3-2-5所示。

①内包头定点，测算方法如图3-2-6所示。

②内包头线，如图3-2-5中2所示。

③前里分割线，避开第五趾凸出点，如图3-2-5中3所示。

④靴筒前里线，筒位内缩2mm，前背位置内缩1.5mm，如图3-2-5中4所示。

⑤靴筒后里线，筒位内缩2mm，下口至主跟高度点位置内缩3.5mm，如图3-2-5中5所示。

⑥后帮里及主跟对称线，如图3-2-5中6所示。

⑦上领口里线，如图3-2-5中7所示。

⑧上领口里前轴线，上口与筒线相平，下口内缩2mm，如图3-2-5中8所示。

⑨上领口里后轴线，上口与筒线相平，下口内缩2mm，如图3-2-5中9所示。

⑩拉链线，两条线距离9mm，拉链头位置距离13mm，如图3-2-5中10所示。

⑪拉链头位置，如图3-2-5中11所示。

⑫内帮拉链头位置，如图3-2-5中12所示。

⑬拉链垫皮线，如图3-2-5中13所示。

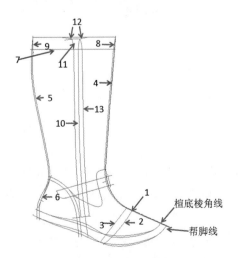

图3-2-5　预设相应线条

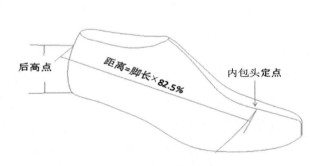

图3-2-6　内包头定点

二、开版

半面版预设完成，依次提取面、里、衬、辅各相应部件鞋片（样板）。

准备：在左下角选项卡中单击"开版工具"，打开左侧开版工具栏，如图3-2-7所示。

1．鞋面编辑

（1）前帮

方法步骤：单击开版工具栏中的"内外片" 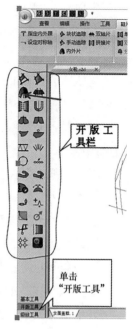 ，单击对称线1，顺时针依次单击组成鞋片外踝的所有线条2、3、4，右键结束，弹出提示窗，单击确定，单击对称线5，顺时针依次单击组成鞋片内踝的所有线条6、7、8，右键同时按键盘Shift键，结束（注：如鞋片后续需做跷度处理，就右键同时按住键盘Shift键，结束，如鞋片后续无须做跷度处理，则直接右键结束），生成内外重叠的鞋片，如图3-2-8和图3-2-9所示。

图3-2-7　开版准备

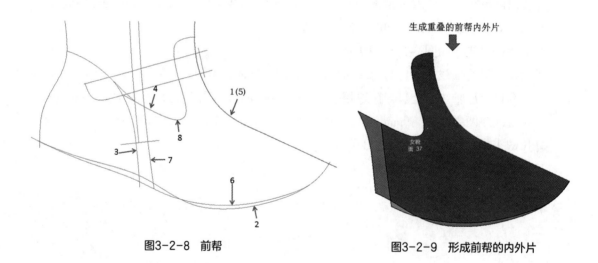

图3-2-8　前帮　　　　　　图3-2-9　形成前帮的内外片

（2）前帮取跷

方法步骤：右侧鞋片库单击鞋片，1单击设定对称轴，2单击左侧工具栏"取跷精灵" ，3单击鞋片内空白处，出现标尺，4将标尺0点拖到对称轴弯点位置，0点距对称线6~7mm，滚动滚轮，调整好角度左击一下放下标尺，5鼠标选好取跷旋转点，右击一下再向前拖动鼠标，再左击一下再拖动鼠标，将样板旋转到指定位置，左击一下放下，6画外踝线，单击外踝线起点，拖到终点单击，7转换画内外踝，单击"内踝"，8画外踝线，左击一下内踝线起点拖到终点，左击一下，9单击"原位置"返回原位，10鼠标选好取跷旋转点，右击一下，再向后拖动鼠标，再左击一下，再拖动鼠把样板旋转到指定位置左击一下放下，11画内、外踝线，12鼠标选好取跷旋转点右击一下，再向后拖动鼠标，再单击，再拖动鼠标把样板旋转到指定位置，左击一下放下，13画内、外踝线，14鼠标选好取跷旋转点右击一下再向后拖动鼠标，再左击一下，再拖动鼠把样板旋转到指定位置，左击一下放下，15画内、外踝线，16单击"确定"，生成展开的前帮内外片，如图3-2-10至图3-2-17所示。

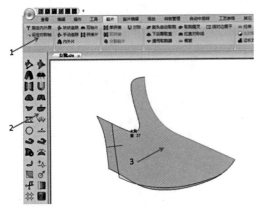

图3-2-10 前帮取跷（1）

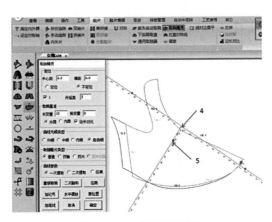

图3-2-11 前帮取跷（2）

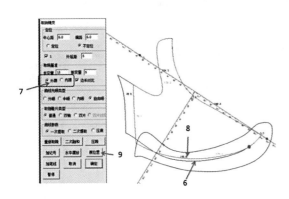

图3-2-12 前帮取跷（3）

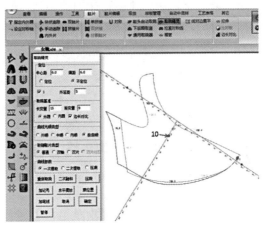

图3-2-13 前帮取跷（4）

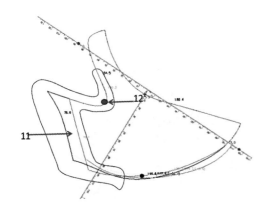

图3-2-14 前帮取跷（5）

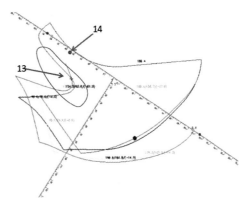

图3-2-15 前帮取跷（6）

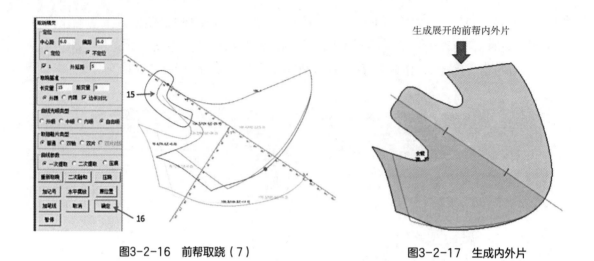

图3-2-16　前帮取跷（7）　　　　　　图3-2-17　生成内外片

（3）边长对比

方法步骤：1单击右侧鞋片库鞋片，2单击上方"边长对比"，3单击鞋片边线或对称线（显示线段变化数值，正常变化数值为弹性好的材料对称线长10～15mm，边线短8～12mm，弹性中等的材料对称线长13～18mm，边线短6～10mm，弹性差的材料中轴线长16～20mm，边线短4～6mm，超过的则需调整边线及对称线长）。

（4）调整边线及对称线长

方法步骤：1单击鞋片，2单击鞋片库空白处，显示鞋片母线，3修改母线，直到达到对称线及边长线理想数值，如图3-2-18所示。

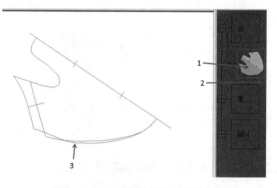

（5）外帮

方法步骤：1单击 ，依次单击1、2、3组成外帮的所有线条，右键结束，生成外帮鞋片，如图3-2-19和图3-2-20所示。

图3-2-18　调整边线及对称线长

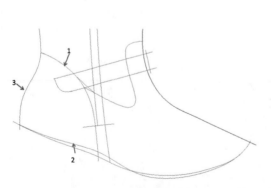

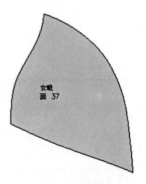

图3-2-19　选取外帮线条　　　　　图3-2-20　生成外帮鞋片

（6）内帮

方法步骤：1单击 ✍，依次单击1、2、3组成内帮的所有线条，右键结束，生成内帮鞋片，转换内外脚，如图3-2-21和图3-2-22所示。

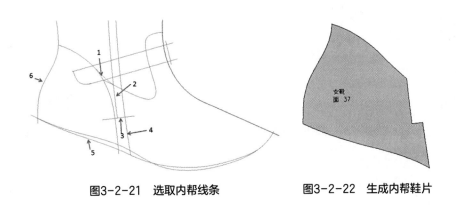

图3-2-21　选取内帮线条　　　　　　　　图3-2-22　生成内帮鞋片

（7）扣带

方法步骤：单击开版工具栏中的"内外片" 🐾，单击对称线1，顺时针依次单击组成鞋片外踝的所有线条2、3，右键结束，弹出提示窗，单击确定，单击对称线4，顺时针依次单击组成鞋片内踝的所有线条5、6、7，右键结束，生成展开的扣带内外鞋片，转换内外脚，如图3-2-23和图3-2-24所示。

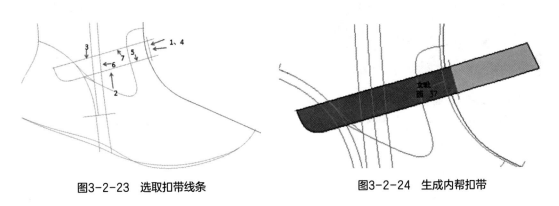

图3-2-23　选取扣带线条　　　　　　　　图3-2-24　生成内帮扣带

（8）扣脚皮

方法步骤：单击 ✍，依次单击组成外帮的所有线条1、2、3、4，右键结束，单击左侧工具栏"对称" 🔱，单击1线，生成展开的对称扣皮鞋片，如图3-2-25和图3-2-26所示。

（9）外靴筒前片

方法步骤：单击 ✍，依次单击组成外靴筒前片的所有线条1、2、3，右键结束，生成外靴筒前片，如图3-2-27和图3-2-28所示。

（10）外靴筒后片

方法步骤：单击 ✍，依次单击组成外靴筒后片的所有线条1、2、3，右键结束，生成外靴筒后片，如图3-2-29和图3-2-30所示。

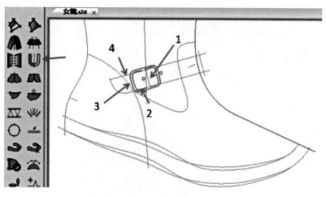

图3-2-25　选取扣脚皮线条

图3-2-26　生成内帮扣脚皮鞋片

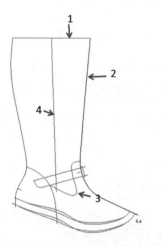

图3-2-27　选取外靴筒
前片线条

图3-2-28　生成外
靴筒前片鞋片

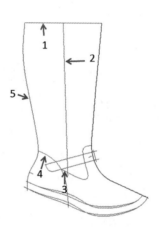

图3-2-29　选取外靴筒
后片线条

图3-2-30　生成外
靴筒后片鞋片

（11）内靴筒前片

方法步骤：单击 ，依次单击组成内靴筒前片的所有线条1、2、3、4，右键结束，生成外靴筒后片，转换内外脚，如图3-2-31和图3-2-32所示。

（12）内靴筒后片

方法步骤：单击 ，依次单击组成内靴筒后片的所有线条1、2、3、4，右键结束，生成内靴筒后片，转换内外脚，如图3-2-33和图3-2-34所示。

2．鞋片编辑

鞋片提取完成后，可对其进行编辑。在上方选项中单击"编辑"→"设置档案信息"，弹出提示窗，勾选"型体名称"或"客户名称"其中任何一项，勾选"名称"，右侧填写空格内输入信息，单击"确定"，在上方选项中单击选择"鞋片编辑"，完成准备工作，如图3-2-35所示。

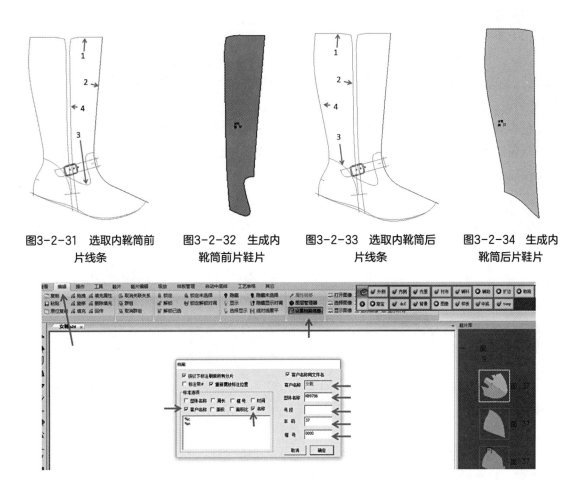

图3-2-31 选取内靴筒前　　图3-2-32 生成内　　图3-2-33 选取内靴筒后　　图3-2-34 生成内
　　　片线条　　　　　　　靴筒前片鞋片　　　　　片线条　　　　　　　靴筒后片鞋片

图3-2-35 鞋片编辑准备

（1）命名

①统一命名。在右侧鞋片库鞋片组内右键单击，单击"统一命名"，即完成本组所有鞋片的命名，如图3-2-36所示。

②个别命名。1单击右侧鞋片中单个鞋，2单击上方工具栏中"鞋片属性"或按键盘快捷键"Y"，在提示窗中表格里点选名称（如无相匹配的名称，可在"鞋片名称"后方空格中输入相匹配的名称），4单击确定，5鼠标放在字体左下角将字体拖到理想位置，如图3-2-37所示。

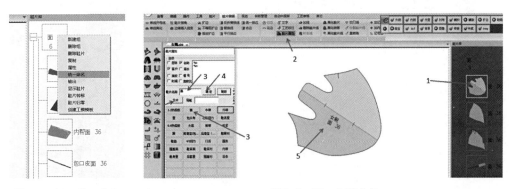

图3-2-36 统一命名　　　　　　　　图3-2-37 个别命名

（2）加线

方法步骤：1单击右侧鞋片中单个鞋片，按空格键显示半面版线条，2单击上方工具栏中"加线"或按键盘快捷键"T"，3在提示窗中"切割属性"下方单击线条属性（笔或全刀等），4在提示窗中"对称关系"下方单击线条位置（本边或对边或对称），5依次单击相应线条（线条变色表示加线完成），若要删除已加的线，则按住Alt键不放，单击已加的线，如图3-2-38所示。如线条属性需要更改，则进行如下操作：1在提示窗下方单击"属性更改"，2弹出小提示窗后单击线条属性即可，如图3-2-39所示。

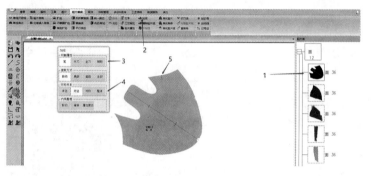

图3-2-38　加线　　　　　　　　　　　图3-2-39　属性更改

（3）扩边

方法步骤：1单击右侧鞋片中单个鞋片，2单击上方工具栏中"扩边"或按快捷键"K"，3单击需要扩边的边线，4在提示窗中单击扩边量，若要删除扩边，则按住Alt键不放，单击边线（或扩边量"0"），如图3-2-40所示。

（4）槽线（在加好线扩好边的状态下做槽线）

方法步骤：1单击右侧鞋片中单个鞋片，2在左侧工具栏单击槽线或按快捷键"S"，3在提示窗中单击"本边"或"对边"或"对称"，4在要做槽线线条的位置单击，将其拖动到理想位置后再单击，若要删除槽线，则按住Alt键不放，单击槽线，如图3-2-41所示。

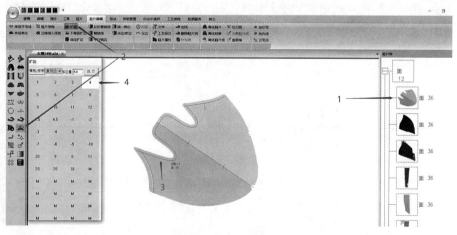

图3-2-40　扩边

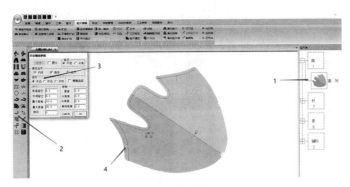

图3-2-41　槽线

（5）加记号（加冲孔）

方法步骤：单击右侧鞋片中单个鞋片，1单击上方工具栏"加记号"，2选择加记号的类型，3调整记号数据，4选择记号的方位，5选择记号的切割属性，6在要加记号的准确位置单击，若要删除记号，则按住Alt键不放，单击记号，如图3-2-42所示。

（6）记号齿

方法步骤：1单击右侧鞋片中单个鞋

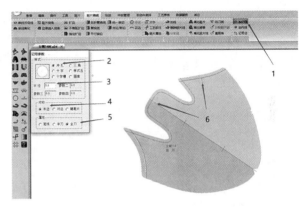

图3-2-42　加记号

片，2单击左方工具栏中"记号齿" ✕ 或快捷键"R"，3输入记号齿高、宽数值，4单击"本边"或"对边"，5单击属性"全刀"或"画"，6单击"中垂"或"中分"（如记号齿处在对称片、内外片或双轴片的对称线位置上的则单击"中分"，其他位置则单击"中垂"），7单击记号齿形状，8在需要打记号齿的位置单击（如打内齿鼠标靠内，打外齿鼠标靠外，如记号齿需要跟样板内线位置不变就按住Ctrl键不放，鼠标指向内线和样板边沿交叉处单击），若要删除记号齿，则按住Alt键不放，单击记号齿，如图3-2-43所示。

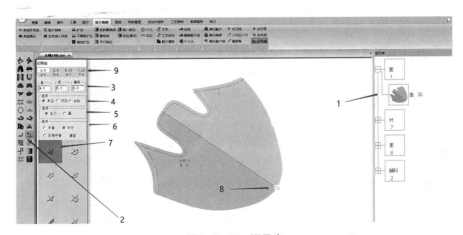

图3-2-43　记号齿

（7）鞋片倒角

方法步骤：单击右侧鞋片中单个鞋片，1单击左侧工具栏或上方工具栏中"鞋片倒角"，2单击选择角的形状（点击可变换角的形状），3鼠标指向需要倒角的位置，4滚动鼠标中键调整倒角数据至大小合适时单击，若要删除倒角，则按住Alt键不放，单击倒角，如图3-2-44所示。

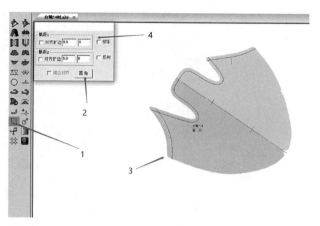

图3-2-44　倒角

（8）加裁向标

方法步骤：1单击"裁向标"或左侧工具栏，2鼠标在样片内左键下拖出一条与轴线平行的标记再单击完成，处理过跷度的围条，裁向标与内外轴线平行，围盖与横条的裁向标与内外轴线垂直，若要删除裁向标，则按住Alt键不放，单击裁向标，如图3-2-45所示。

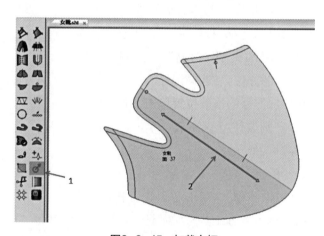

图3-2-45　加裁向标

3．衬、辅料部件样板

衬、辅料部件样板，通常是先复制面料部件样板再通过加边或减边完成，如无匹配的面料部件样板本，则另行提取样板。

方法步骤：1在右侧鞋片库中选相匹配的面料样板，单击弹出提示窗，2单击"复制到"，再次弹出小提示窗，3单击小三角，4单击衬（复制里则选里，类推），5单击"OK"完成复制，完成复制后重新编辑（改名、边量加减等），如图3-2-46和图3-2-47所示。

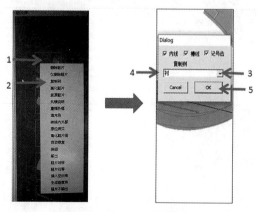

图3-2-46　辅料部件样板

图3-2-47　生成辅料部件样板

4．里料部件样板

里料样板用匹配的面料样板通过加减边量的方式取得，如果没有匹配的面料样板则要另外取版。

（1）外踝里

方法步骤：选择左侧工具"内外片" 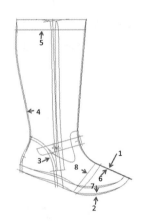，单击里对称线1，依次单击组成里外踝的线2、3、4、5，单击右键，弹出提示窗，单击确定，单击里对称线1（在里的范围内），依次单击组成里内踝的线7、8，右键结束，生成内外片展开的外踝里，转换内外脚，如图3-2-48和图3-2-49所示。

（2）内踝里前片

方法步骤：选择左侧工具"手动追踪" ，依次单击组成内踝里前片的线1、2、3、4、5，右键结束，如图3-2-50和图3-2-51所示。

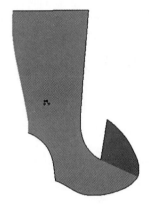

图3-2-48　选取内外踝　　图3-2-49　生成内外片　　图3-2-50　内踝里前片选取线条　　图3-2-51　生成内踝里前片

（3）内踝里后片

方法步骤：选择左侧工具"手动追踪" ，依次单击组成内踝里前片的线1、2、3、4、5，右键结束，如图3-2-52和图3-2-53所示。

（4）后帮里

方法步骤：选择左侧工具"内外片" ，单击后套里对称线1，依次单击组成后帮里外踝的线2、3、4，单击右键，弹出提示窗，单击确定，单击里对称线1，依次单击组成后套里内踝的线2、5、4，右键结束，生成内外片展开的后套里，转换内外脚，如图3-2-54和图3-2-55所示。

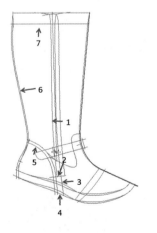

图3-2-52　内外里后片选取线条　　图3-2-53　生成内踝里后片

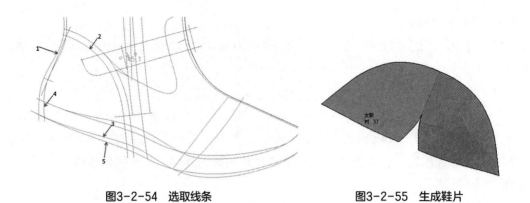

图3-2-54 选取线条   图3-2-55 生成鞋片

（5）领口里

方法步骤：选择左侧工具"双轴片" ⚎，依次单击组成领口里外踝的线1、2、3、4，单击右键，弹出提示窗，单击确定，单击组成领口里内踝前片的对称线2，依次单击组成领口里内踝前片的线2、3、5、6，单击右键，弹出提示窗，单击确定，单击组成领口里内踝后片的对称线4，依次单击组成领口里内踝后片的线8、7、3，右键结束，生成内外片展开的领口里双轴片，转换内外脚，如图3-2-56和图3-2-57所示。

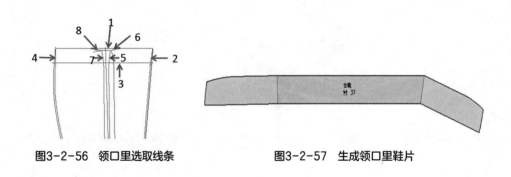

图3-2-56 领口里选取线条   图3-2-57 生成领口里鞋片

（6）提取内包头和主跟

用提取内外片的方法提取内包头和主跟，如图3-2-58所示。

所有面料样板如图3-2-59所示，所有里料样板如图3-2-60所示，所有衬料样板如图3-2-61所示，所有辅料样板如图3-2-62所示。

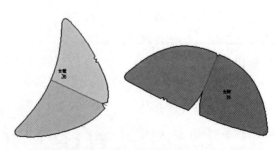

图3-2-58 提取内包头和主跟

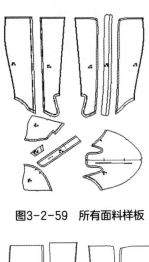

图3-2-59 所有面料样板

图3-2-60 所有里料样板

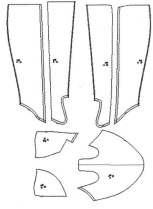

图3-2-61 所有衬料样板

图3-2-62 所有辅料样板

三、级放与切割

所有样板编辑完成后可进行级放。在左下角选项中单击"级放工具"或在上方选项中单击"级放",打开左侧开版工具栏,如图3-2-63所示。

1.设定级放参数

方法步骤:1单击左侧级放平台 ,打开级放数据表,2输入级放参数,3刷新,4输入号码齿法则,5单击"确定",如图3-2-64所示。6循环:如级放34#、35#、36#、37#、38#、39#、40#正常顺序的,则"循环"输入数字0。

如级放6#、7#、8#、9#、10#、11#、12#、13#、1#、2#、3#、4#转折顺序的,则"循环"需输入转折点号码13,结束码则改为(转折点

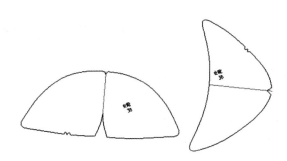

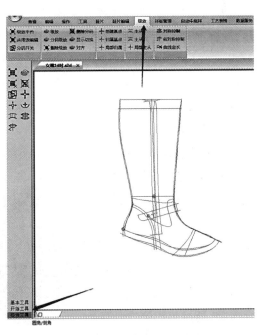

图3-2-63 级放准备

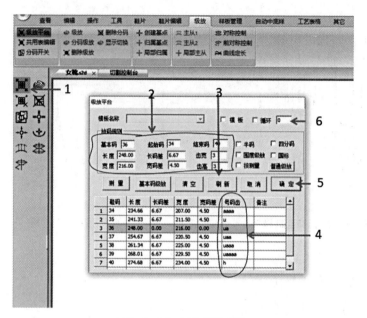

图3-2-64　设定级放参数

号码+转折点后号码个数）13+4=17，起始码6，结束码输入17。

号码齿法则：H——方齿（代表10），U——圆齿（代表5），A——尖齿（代表1）。根据每个公司习惯组合方式输入。

2．主从控制

方法步骤：1单击从线（受控线），2单击主线，3单击左侧工具栏主从工具⚏，从线变色则完成，如图3-2-65所示。若要取消主从，则选中已被控的线条右击一下，弹出提示窗，单击"删除主从关系"即可。

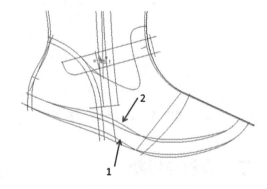

图3-2-65　主从控制

3．基点控制

（1）基点控制——创建基点

方法步骤：1单击左侧工具栏✛，创建基点，2在基点位置单击，弹出提示窗，3勾选附属实体与基点关系，4单击"确定"，基点创建完成，如图3-2-66所示。

（2）分段控制——归属基点

线条全部归属基点，方法步骤：1单击受控线条（线条发亮），2单击左侧工具栏归属基点✛，弹出提示窗，3单击小三角▾，选择归属序号，4单击"确定"，即完成线条全部归属基点，如图3-2-67所示。

4．鞋片共码

方法步骤：1选中鞋片，右击一下，弹出提示窗，单击"共模说明"，再次弹出提示窗，

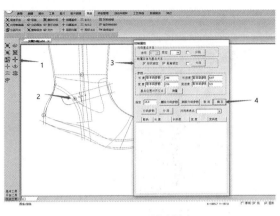

图3-2-66　创建基点

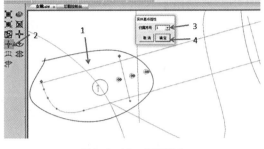

图3-2-67　归属基点

3单击"共模"，4单击小三角 ▾，选择共码表（如无匹配表则需要新建），5单击"确定"，如图3-2-68所示。若要取消共码，则单击"正常"。

5．打号码齿

方法步骤：1选中鞋片，按快捷键"R"，打开提示窗，2选择号码齿工具 ✐，3单击鞋片边沿线，完成打号码齿（内齿鼠标靠内，外齿鼠标靠外），如图3-2-69所示。若要删除号码齿，则按住Alt键不放，单击号码齿即可。

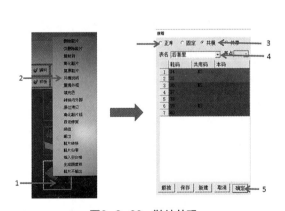

图3-2-68　鞋片共码

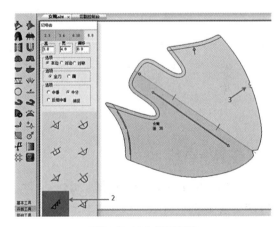

图3-2-69　打号码齿

6．样板级放

方法步骤：1单击左侧工具栏 ⊙，弹出提示窗，2选择级放码数，3单击"确定"，如图3-2-70和图3-2-71所示。若要删除级放，则单击左侧工具栏 ▦ 即可。

7．样板切割

单击左上角 ⊡，打开"切割控制台"，右键单击鞋片，弹出提示窗，单击"输出"，再次弹出提示窗，勾选鞋码，单击"确定"，单击"加页" ▣，弹出切割机页面，将鞋片拖至切割机页面内摆放好，单击"切割" ▱，如图3-2-72所示。

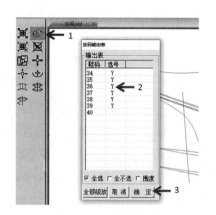

图3-2-70 样板级放

图3-2-71 级放效果

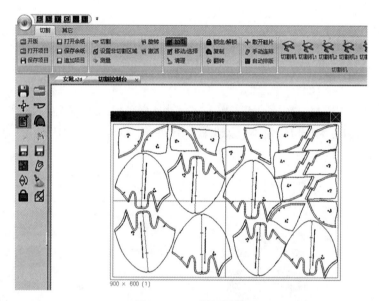

图3-2-72 样板切割

⭐任务小结

原始半面版必须通过楦统口中点垂直于地平线的垂线及舟上弯点，参照垂线，通过后弧下端中心点作水平线及通过舟上弯点作垂线，才能保证靴筒各高度线的准确性及靴筒前倾角度的准确性，如图3-2-73所示。

鞋片编辑步骤要掌握好，按照命名——扩边——加线——槽线——加记号顺序操作，避免重做。

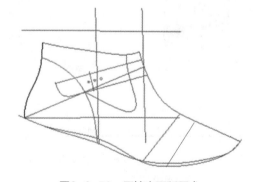

图3-2-73 原始半面版要求

面版的内踝及里版的外踝要做"转换内外脚"处理，方便理版。

级放前要做好各项控制，如主从、基点设置、基点属性、基点归属、共模说明等。

任务三

女系带靴的CAD工业制版

女系带靴指筒高超过踝骨以上的靴子，由鞋舌、鞋耳及前后帮组成。靴筒较高时，内侧加装拉链，提高穿着便利。女绑带靴易兼容正装、休闲特性，是鞋子中最为普通、流行最广的一大品类，其穿着场合宽广，搭配裙子、裤子皆可，老少咸宜。女系带靴款式如图3-3-1所示。以图3-3-2为例讲解女系带靴CAD制版步骤。

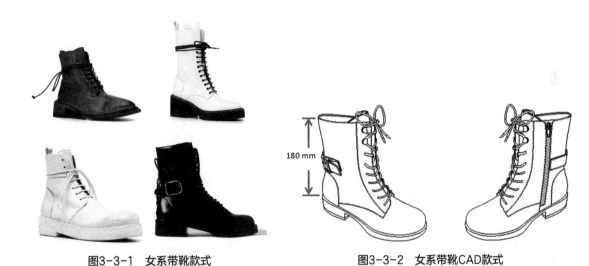

图3-3-1　女系带靴款式　　　　　图3-3-2　女系带靴CAD款式

一、调整半面版及预设相应线条

1．导出原始半面版

①跖趾围线，如图3-3-3中1所示。

②兜跟围线，如图3-3-3中2所示。

③垂直于地平线的垂线，如图3-3-3中3所示。

④后高控制点与跖趾围外线中点的连线，如图3-3-3中4所示。

2．套靴筒

①通过舟上弯点作一条垂直线并向上延伸，如图3-3-4中1所示。

②过后弧下端点作一条水平线，如图3-3-4中2所示。

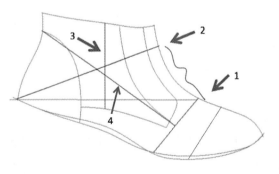

图3-3-3　半面版

③在高100mm处作一条水平线，如图3-3-4中3所示。

④套入靴筒模板，截取与靴款式相当的高度，如图3-3-4中4所示。

套靴筒操作结果如图3-3-5所示。

3. 预设相应线条

①背中线前段拉直，如图3-3-6中1所示。

②后弧下中放松，如图3-3-6中2所示。

③设置帮脚线，如图3-3-6中3所示。

④筒口前后各修窄2mm，如图3-3-6中4所示。

⑤作鞋眼片线，如图3-3-6中5所示。

⑥作主跟和内包头线，如图3-3-6中6所示。

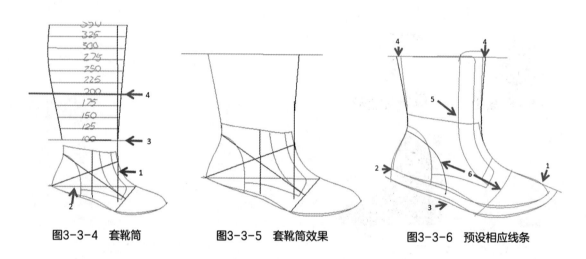

图3-3-4 套靴筒   图3-3-5 套靴筒效果   图3-3-6 预设相应线条

二、开版

半边版预设完成，依次提取面、里、衬、辅各相应部件鞋片（样板）。在左下角选项卡中单击"开版工具"，打开左侧开版工具栏，如图3-3-7所示。

1. 鞋面编辑

（1）前帮

方法步骤：单击开版工具栏中的"内外片" 🐾 ，单击对称线1，顺时针依次单击组成鞋片外踝的所有线条2、3、4，右键结束，弹出提示窗，单击"确定"，单击对称线1，顺时针依次单击组成鞋片内踝的所有线条5、3、4，右键同时按键盘Shift键结束（如鞋片后续要做跷度处理，则右键同时按住键盘Shift键结束，如鞋片后续无须做跷度处理，则直接右键结束），生成内外重叠的鞋片，如图3-3-8和图3-3-9所示。

方法步骤：右侧鞋片库单击右键选鞋片，1单击设定对称轴，2单

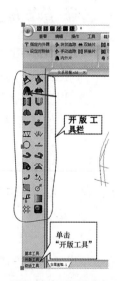

图3-3-7 开版准备

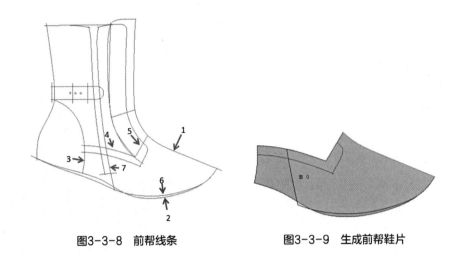

图3-3-8　前帮线条　　　　　图3-3-9　生成前帮鞋片

击左侧工具栏"取跷精灵" 🥾，3单击鞋片内空白处，出现标尺，4将标尺0点拖到鞋耳锁口前3~5mm位置，0点距对称线2~3mm，滚动滚轮调整好角度单击放下标尺，5画外踝边线及帮脚线，6按住Shift键画外踝内线，7转换画内外踝，8画内踝边线及帮脚线，9按住Shift键画内踝内线，10转跷：鼠标选好取跷旋转单击右键，再向前拖动鼠标将样板旋转到指定位置单击放下，11画外踝边线及帮脚线，12转换画内外踝，13画内踝边线及帮脚线，14单击"确定"，生成展开的内外片前帮，如图3-3-10至图3-3-12所示。

（2）鞋眼片

方法步骤：1单击 ✎，依次单击组成鞋眼片的所有线条2、3，右键结束，生成外帮鞋片，如图3-3-13和图3-3-14所示。

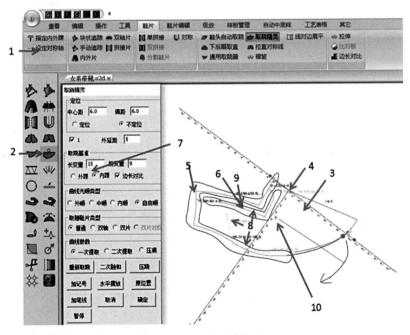

图3-3-10　帮取跷（1）

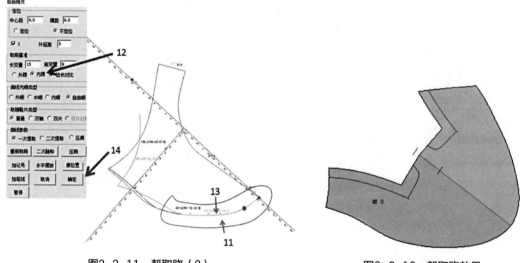

图3-3-11　帮取跷（2）

图3-3-12　帮取跷效果

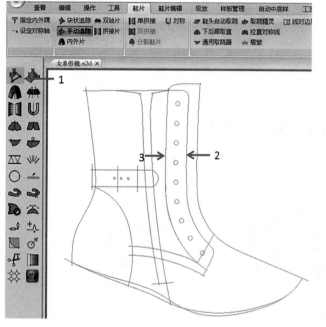

图3-3-13　鞋眼片除条

图3-3-14　生成鞋眼片鞋片

（3）外帮面

方法步骤：1单击 ，依次单击组成外帮面的所有线条2、3、4、5、6、7，右键结束，生成外帮鞋片，如图3-3-15和图3-3-16所示。

（4）后包跟

方法步骤：1设置一条后包跟对称线（距后弧凸出点1mm），单击 ，依次单击组成后包跟外踝的线条1、3、4、5，右键结束，在提示窗单击"确定"，依次单击组成后包跟内踝的线条1、3、6、5，右键结束，生成展开的内外片后包跟，如图3-3-17和图3-3-18所示。

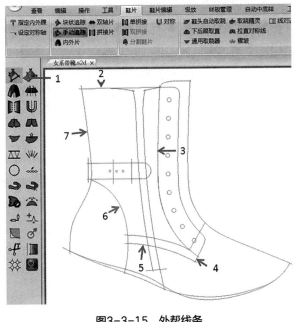

图3-3-15　外帮线条

图3-3-16　生成外帮鞋片

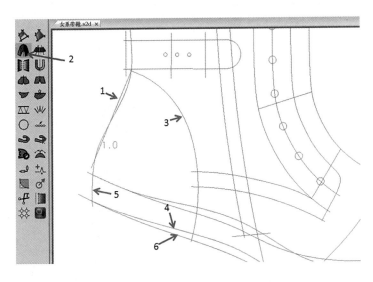

图3-3-17　后包跟线条

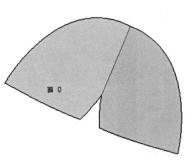

图3-3-18　生成后包跟线条

（5）内帮面前片

方法步骤：1单击❖，依次单击组成内帮面前片的所有线条2、3、4、5、6，右键结束，生成内帮面前片，"转换内外脚"处理，如图3-3-19和图3-3-20所示。

（6）内帮面后片

方法步骤：1单击❖，依次单击组成内帮面后片的所有线条2、3、4、5、6、7、8，右键结束，生成内帮面后片，"转换内外脚"处理，如图3-3-21和图3-3-22所示。

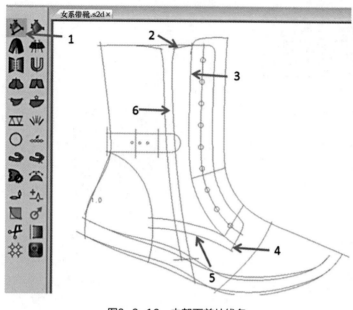

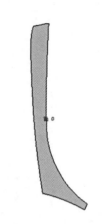

图3-3-19　内帮面前片线条　　　　图3-3-20　生成内帮面前鞋片

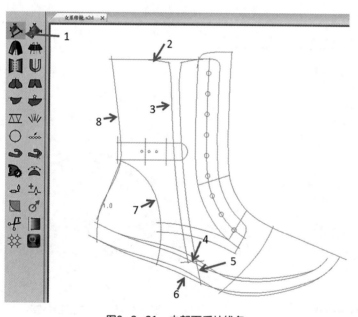

图3-3-21　内帮面后片线条　　　　图3-3-22　生成内帮面后鞋片

（7）鞋舌面下片

方法步骤：单击开版工具栏中的"内外片" ，顺时针依次单击组成鞋舌面下片外踝的所有线条2、3、4、5，右键结束，弹出提示窗，单击"确定"，顺时针依次单击组成鞋舌面下片内踝的所有线条2、3、4、5，同时按键盘Shift键结束（如鞋片后续要做跷度处理，则右键同时按住键盘Shift键结束，如鞋片后续无须做跷度处理，则直接右键结束），生成内外重叠的鞋舌面下片，如图3-3-23所示。

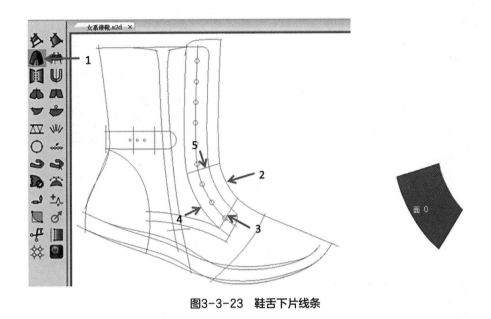

图3-3-23　鞋舌下片线条

（8）鞋舌面下片取跷

方法步骤：1设定对称轴，2单击通用取跷器，3鞋片内空白处单击，出现提示窗及标尺，4调整标尺（按F3或F4调整角度），5提示窗中单击双踝，6提示窗中单击自定义，7旋转点拖到适当位置，8取跷：按F4降跷使前向的背中线贴近标尺，9单击"光顺"，10对线条光顺处理，11单击"确定"，生成内外片展开的鞋舌面下片，如图3-3-24至图3-3-26所示。

（9）鞋舌面上片

方法步骤：单击 ，依次单击组成鞋舌面上片的所有线条2、3、4、5，右键结束，生成单边鞋舌面上片，单击"对称" 后单击2线，生成对称的鞋舌面上片，如图3-3-27所示。

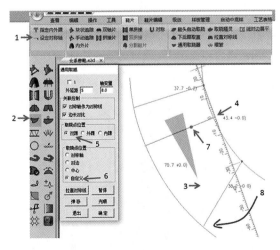

图3-3-24　鞋舌面下片取跷（1）

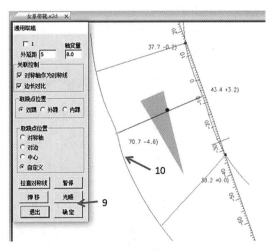

图3-3-25　鞋舌面下片取跷（2）

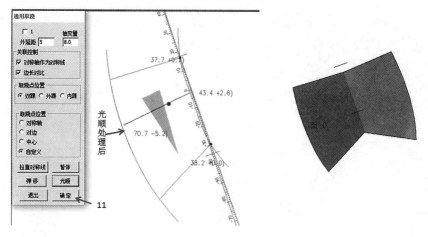

图3-3-26 鞋舌面下片取跷（3）

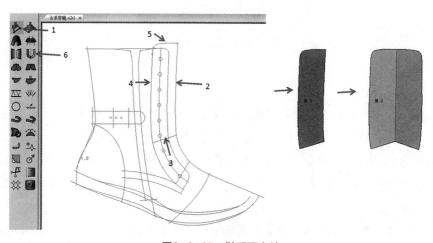

图3-3-27 鞋舌面上片

（10）拉链皮

方法步骤：单击 ✍，依次单击组成拉链皮的所有线条2、3、4，右键结束，生成拉链皮，如图3-3-28所示。

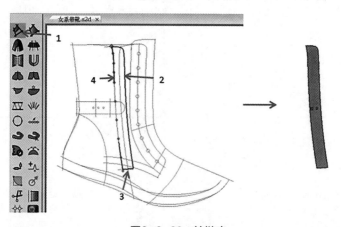

图3-3-28 拉链皮

（11）扣带

方法步骤：单击开版工具栏中的"内外片" 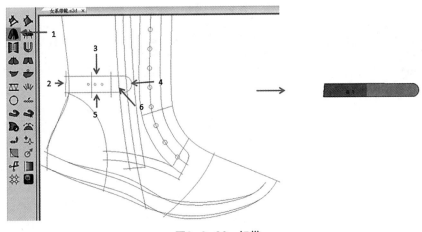顺时针依次单击组成扣带外踝的所有线条2、3、4、5，右键结束，弹出提示窗，单击"确定"，顺时针依次单击组成扣带内踝的所有线条2、3、6、5，同时按键盘Shift键结束（如鞋片后续要做跷度处理，则右键同时按住键盘Shift键结束，如鞋片后续无须做跷度处理，则直接右键结束），生成内外片展开的扣带，如图3-3-29所示。

（12）扣脚皮

方法步骤：单击 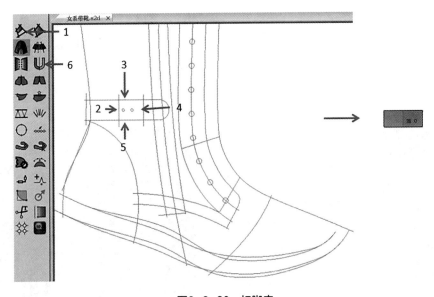，依次单击组成扣脚皮的所有线条2、3、4、5，右键结束，单击"对称" ，生成对称展开的扣脚皮，如图3-3-30所示。

图3-3-29 扣带

图3-3-30 扣脚皮

2．鞋片编辑

鞋片提取完成后，可对鞋片进行编辑。在上方选项中单击"编辑"→"设置档案信息"，弹出提示窗，勾选"型体名称"或"客户名称"其中任一项，勾选"名称"，右侧填写空格内输入信息，单击"确定"，在上方选项中单击"鞋片编辑"，完成准备工作，如图3-3-31所示。

（1）命名

①统一命名。方法步骤：1右键单击鞋片库内任一组，弹出提示窗，2单击"属性"，再次弹出提示窗，3填写组名称，4填写鞋片共名，5单击"OK"，6单击"统一命名"，即完成本组全部鞋片命名，如图3-3-32所示。

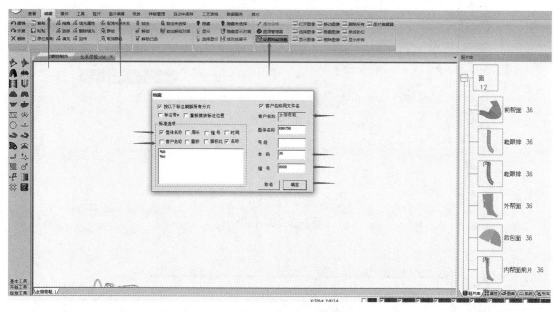

图3-3-31　鞋片编辑准备

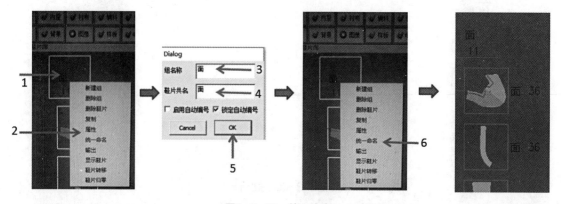

图3-3-32　统一命名

②个别命名。方法步骤：1单击右侧鞋片中单个鞋，2单击上方工具栏中"鞋片属性"或按键盘快捷键"Y"，弹出提示窗，3在提示窗中表格里点选匹配的名称，4如无相匹配的名称，可在"鞋片名称"后方格中输入相匹配的名称，5单击"确定"，6将字体拖到理想位置，按F3或F4调整摆放角度，单击，放下，完成个别命名，如图3-3-33所示。

（2）扩边

方法步骤：1单击右侧鞋片中单个鞋片，2单击上方工具栏中"扩边"或按快捷键K，3单击需扩边的边线，4在提示窗中点选扩边量（5如无匹配扩边量，可在"边量"方框中输入扩边量后单击"执行"）完成扩边，如图3-3-34和图3-3-35所示。

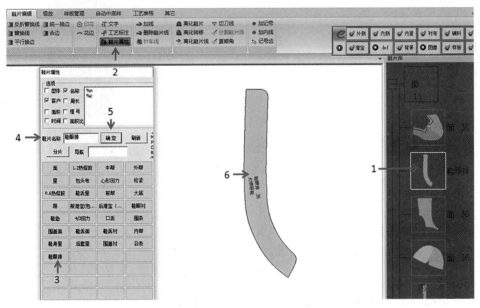

图3-3-33 个别命名

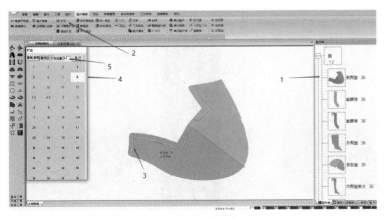

图3-3-34 扩边

图3-3-35 扩边效果

（3）加线

方法步骤：1单击右侧鞋片中单个鞋片，按空格键显示半面版线条，2单击上方工具栏中"加线"或按键盘快捷键T，3在提示窗中"切割属性"下方单击线条属性（笔或全刀等），4在提示窗中"对称关系"下方单击线条位置（本边、对边或对称），5依次单击相应线条（线条变色表示加线完成），如图3-3-36所示。若要删除已加的线，则按住Alt键不放，单击已加的线。如线条属性需要更改，方法步骤：1在提示窗下方单击"属性更改"，2弹出小提示窗后单击线条属性即可，如图3-3-37所示。

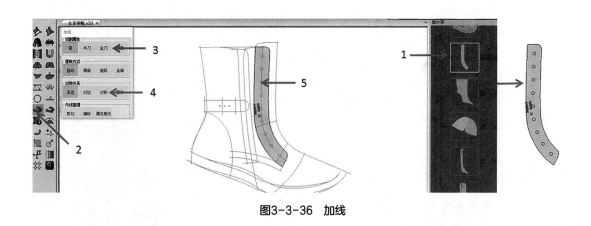

图3-3-36　加线

（4）槽线（在加好线扩好边的状态下做槽线）

方法步骤：1单击右侧鞋片中单个鞋片，2在左侧工具栏单击槽线 或按快捷键S，3提示窗中单击"本边""对边"或"对称"，4鼠标对着要做槽线线条的位置单击，拖动到理想位置后再单击，如图3-3-38所示。若要删除槽线，则按住Alt键不放，单击槽线即可。

图3-3-37　属性更改

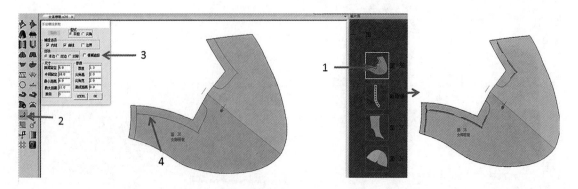

图3-3-38　槽线

（5）加记号（加冲孔）

方法步骤：单击右侧鞋片中单个鞋片，1单击上方工具栏中"加记号"，2选择加记号的类型，3调整记号数据，4选择记号的方位，5选择记号的切割属性，6鼠标指向要加记号的准确位置单击，如图3-3-39所示。若要删除记号，按住Alt键不放，单击记号即可。

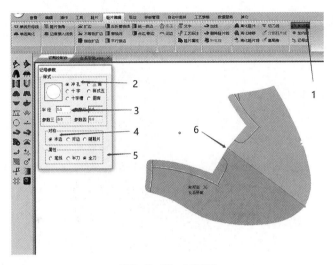

图3-3-39 加记号

（6）记号齿

方法步骤：1单击右侧鞋片中单个鞋片，2单击上方工具栏中"记号齿"或快捷键R，3输入记号齿高和宽，4单击"本边"或"对边"，5单击属性"全刀"或"画"，6单击"中垂"或"中分"（如记号齿处在对称片、内外片或双轴片的对称线位置上则单击"中分"，其他位置则单击"中垂"），7单击记号齿形状，8在需要打记号齿的位置单击（如打内齿鼠标靠内，打外齿鼠标靠外，如记号齿需跟住样板内线位置不变，则按住Ctrl键不放，在内线和样板边沿交叉处单击，如图3-3-40所示。若要删除记号齿，则按住Alt键不放，单击记号齿即可。

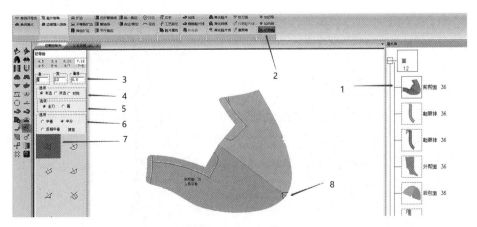

图3-3-40 记号齿

（7）鞋片倒角

方法步骤：单击右侧鞋片中单个鞋片，1单击左侧工具栏或上方工具栏中"鞋片倒角" ，2鼠标指向需倒角的位置，3滚动鼠标中键，调整倒角数据至大小合适时单击，如图3-3-41所示。若要删除倒角，则按住Alt键不放，单击"倒角"即可。

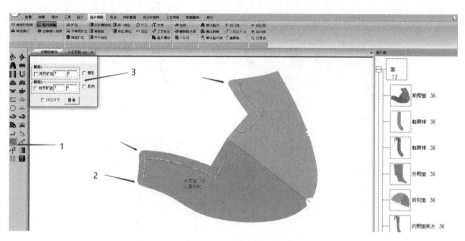

图3-3-41　倒角

（8）加裁向标

方法步骤：1在上方选项"工具"中打开工具栏目，2单击"裁向标"或左侧工具栏 ，3在样片内拖动出一条标记，再单击，完成，如图3-3-42所示。若要删除裁向标，则按住Alt键不放，单击裁向标即可。

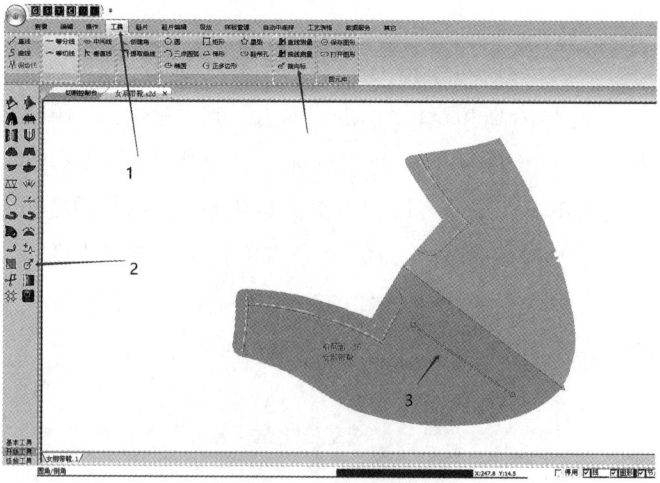

3. 衬、辅料部件样板

衬、辅料部件样板，通常是复制面料部件样板通过加边或减边完成，如无匹配的面料部件样板，则另行提取样板。

图3-3-42　加裁向标

方法步骤：1在右侧鞋片库中选择相匹配的面料样板，右键下弹出提示窗，2单击"复制到"，再次弹出小提示窗，3单击小三角 ，4单击衬（复制里则选里，类推），5单击"确定"，完成复制，如图3-3-43所示。完成复制后可重新编辑（改名、边量加减等）。

4. 里料部件样板

（1）前帮里

因前帮面在取跷过程中已降过跷，所以在取里时原半面版的背中线及帮脚线不适合用来取前帮里，要用前帮降跷后的线条取里。方法步骤：1 "打开图层管理器"，找到 "系统"，2勾选 "系统"，显示前帮面降跷后的背中线3及边线4，如图3-3-44所示。

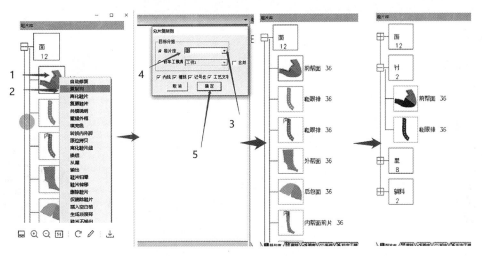

图3-3-43　衬、辅料部件样板

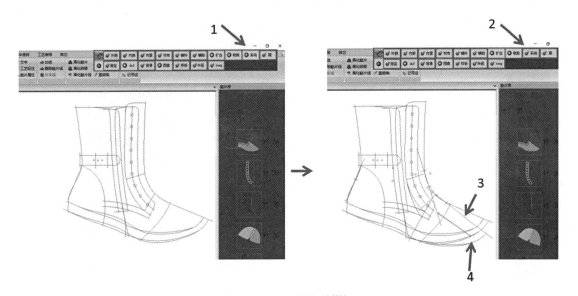

图3-3-44　里料部件样板

（2）提取前帮里

方法步骤：1单击开版工具栏中的 "内外片" ，2顺时针依次单击组成前帮里外踝的所有线条2、3、4，右键结束，弹出提示窗，单击 "确定"，顺时针依次单击组成前帮里内踝的所有线条2、5、4，右键结束，生成展开的内外片前帮里，如图3-3-45所示。

（3）提取外帮里

方法步骤：1单击 ，依次单击组成外帮里的所有线条2、3、4、5，右键结束，生成外帮里，如图3-3-46所示。

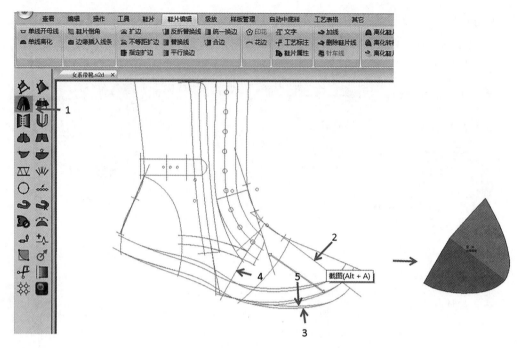

图3-3-45　提取前帮里

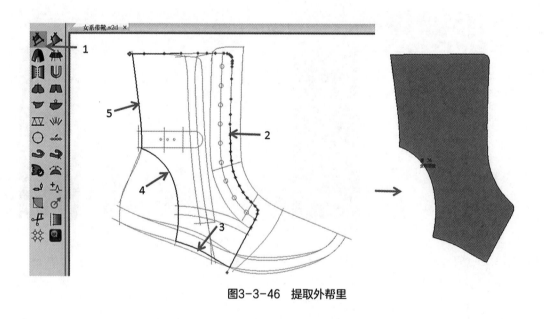

图3-3-46　提取外帮里

（4）提取内帮里

方法步骤：1单击🔲，依次单击组成内帮里的所有线条2、3、4、5，右键结束，生成内帮里，如图3-3-47所示。

其他的里料样板可用相匹配的面料样板复制，通过扩边取得。所有面料样版、衬料样板、里料样板、辅料样板如图3-3-48至图3-3-51所示。

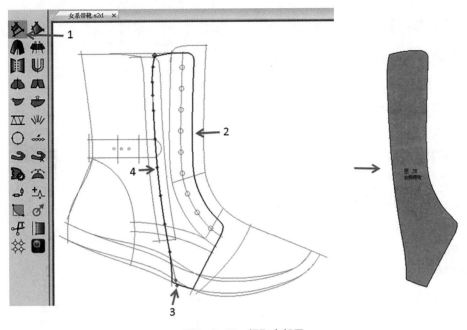

图3-3-47　提取内帮里

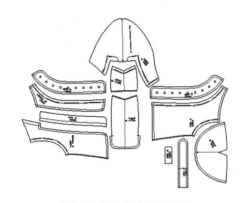

图3-3-48　所有面料样板

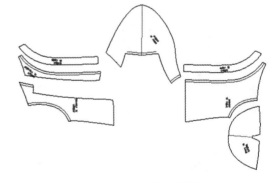

图3-3-49　所有衬料样板

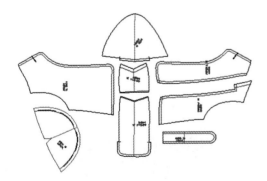

图3-3-50　所有里料样板

图3-3-51　所有辅料样板

三、级放与切割

所有样板编辑完成后可进行级放。在左下角选项中单击"级放工具"或在上方选项中单击"级放"，打开左侧开版工具栏，如图3-3-52所示。

1．设定级放参数

方法步骤：1单击左侧级放平台![级放平台]，打开级放数据表，2输入级放参数，3刷新，4输入号码齿法则，5单击"确定"，如图3-3-53所示。

号码齿法则：H——方齿（代表10），U——圆齿（代表5），A——尖齿（代表1），根据每个公司习惯组合方式输入。

6循环：如级放34#、35#、36#、37#、38#、39#、40#正常顺序的，则"循环"输

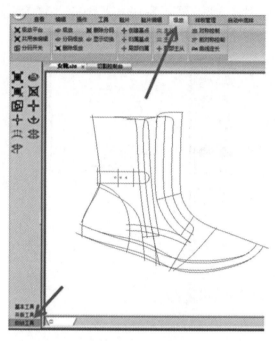

图3-3-52　级放准备

入0，如图3-3-53所示。如级放6#、7#、8#、9#、10#、11#、12#13#、1#、2#、3#、4#转折顺序的，则"循环"需输入转折点号码13，结束码则改为（转折点号码+转折点后号码个数）13+4=17，起始码6，结束码输入17。

2．主从控制或基点控制

拉链口宽度、拉链皮宽度、帮脚宽度、带子宽度等在级放前做主从控制或基点控制。

方法步骤：1单击从线（受控线），2单击主线，3单击左侧工具栏中主从工具![主从工具]，从线变色则完成，如图3-3-54所示。

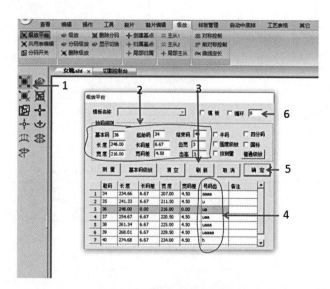

图3-3-53　设定级放参数

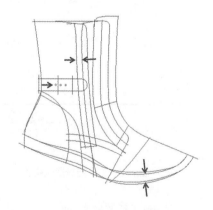

图3-3-54　主从控制

3．鞋片共码

方法步骤：1选中鞋片右键一下弹出提示窗，单击"共模说明"，再次弹出提示窗，3单击"共模"，4单击小三角 ，选择共码表（如无匹配表则需新建），5单击"确定"，如图3-3-55所示。若要取消共码，则单击"正常"即可。

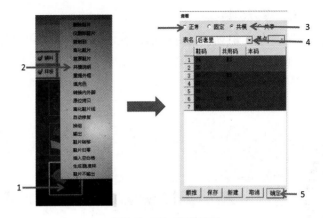

图3-3-55 鞋片共码

4．打号码齿

只有在做级放平台数据及做好号码齿规则的前提下才能打号码齿。

方法步骤：1选中鞋片，按快捷键R打开提示窗，2选择号码齿工具 ，3单击鞋片边沿线，完成打号码齿（内齿鼠标靠内，外齿鼠标靠外），如图3-3-56所示。

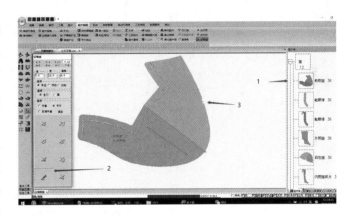

图3-3-56 打号码齿

5．样板级放

方法步骤：1单击左侧工具栏中 ，弹出提示窗，2选择级放码数，3单击"确定"，如图3-3-57和图3-3-58所示。若要删除级放，则单击左侧工具栏中 即可。

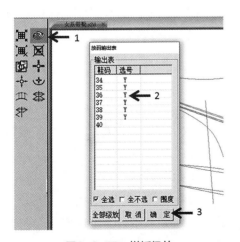

图3-3-57 样板级放

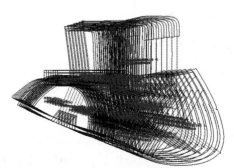

图3-3-58 样板级放效果

6. 样板切割

单击左上角 C，打开"切割控制台"，右键单击鞋片，弹出提示窗，单击"输出"，再次弹出提示窗，勾选"鞋码"，单击"确定"，单击"加页" 🖹，弹出切割机页面，将鞋片拖到切割机页面内摆放好，单击"切割" ✄，如图3-3-59所示。

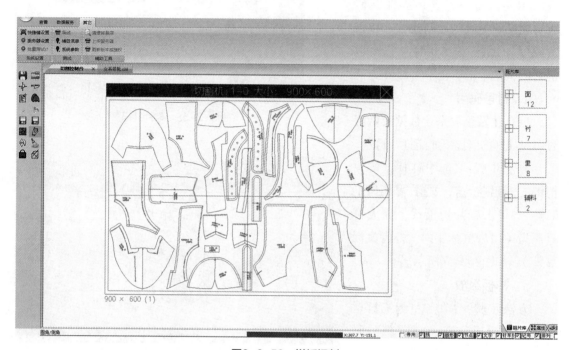

图3-3-59　样板切割

⭐ 任务小结

因前帮跷度比较小，鞋面一般情况下不需要定型处理，但样板实质上已降跷，为避免里与面组合跷度不符，取里料样板时不再取用原背中线及边线，而取用面料样板降跷后的母线。

📖 项目实操

1. 目的与要求

通过舌式围盖鞋、女高靴、系带靴的设计与制版，使学生掌握舌式围盖鞋、女高靴、系带靴的设计与样板制作的基本流程和方法。

2. 内容

（1）舌式围盖鞋的设计、制版及级放

设计3个不同颜色和材料的舌式围盖鞋方案，围盖、围条、横条、包口皮的颜色进行搭配，变化横条款式和包口皮形状的款式等，将效果与当下流行的围盖鞋进行对比。

（2）女高靴的设计、制版及级放

设计3个不同颜色和材料的女高靴方案，前帮、后帮、靴筒、饰带的颜色进行搭配，变化前帮和后帮的线条、饰扣饰带的款式及靴筒高度等，将效果与当下流行的女高靴进行对比。

（3）系带靴的设计、制版及级放

设计3个不同颜色和材料的方案，前帮、后帮、鞋眼片的颜色进行搭配，变化前帮和后帮的线条、鞋眼片线条形状及靴筒高度等，将效果与当下流行的系带靴进行对比。

3．考核标准（100分）

①设计的款式效果是否明晰，结构比例是否恰当。（20分）

②展平的半面版是否自动添加了帮脚，内线是否自动延长处理，围盖与围条线条是否圆顺流畅。（20分）

③外踝、内踝提取是否完整，记号、扩边、记号齿是否正确标记，扩边量是否合理；内里样板是否完整，记号、扩边、记号齿是否正确标记，命名文字调整是否合理；主跟、内包头制作是否正确，记号、记号齿、工艺文字处理是否正确，命名文字调整是否合理。（30分）

④级放前主从控制、分段控制、基点创建、基点属性、基点归属、共码及级放平台数据是否正确。（30分）

任务四

男内耳鞋的CAD工业制版

男内耳鞋

男内耳鞋（也称为三节头鞋）是男正装鞋中的经典品类，其特点是鞋耳内藏，款式典雅、高贵，多为正装商务鞋，深受男士喜爱。男内耳鞋的款式效果如图3-4-1所示。

以图3-4-2为例讲解男内耳鞋CAD制版步骤。

图3-4-1 男内耳鞋款式效果

图3-4-2 男内耳鞋CAD效果

一、调整半面版及预设相应线条

1．导出原始半面版

①后高控制点，如图3-4-3中1所示。

②第五跖趾点，如图3-4-3中2所示。

③跖趾围线与背中线交叉点，如图3-4-3中3所示。

④跖趾围线，如图3-4-3中4所示。

⑤外踝跖趾围线中点，如图3-4-3中5所示。

⑥舟上弯点，如图3-4-3中6所示。

⑦后踵点，如图3-4-3中7所示。

⑧口门深度控制点，如图3-4-3中8所示。

⑨小趾围线，如图3-4-3中9所示。

⑩口档线，如图3-4-3中10所示。

⑪围盖围条参照线，如图3-4-3中11所示。

⑫后高控制点与跖趾围外线中点的连线，如图3-4-3中12所示。

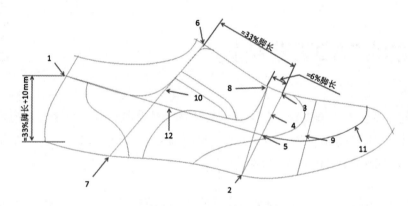

图3-4-3　男内耳鞋半面版

2．调整半面版及预设相应线条

①背中线前端拉直，如图3-4-4中1所示。

②后弧下口加量放松，如图3-4-4中2所示。

③帮脚加量，如图3-4-4中3所示。

④内踝线，如图3-4-4中4所示。

⑤主跟和内包头线，如图3-4-4中5所示。

⑥后帮里线，如图3-4-4中6所示。

⑦内里线，如图3-4-4中7所示。

⑧后包跟对称线，如图3-4-4中8所示。

⑨后帮里及主跟对称线，如图3-4-4中9所示。

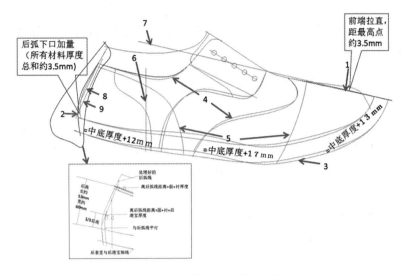

图3-4-4　调整男内耳鞋半面版

二、开版

半面版预设完成，依次提取面、里、衬、辅各相应部件鞋片（样板）。在左下角选项卡中单击"开版工具"，打开左侧开版工具栏，如图3-4-5所示。

1．鞋面编辑

（1）前帮

方法步骤：单击开版工具栏中的"内外片" 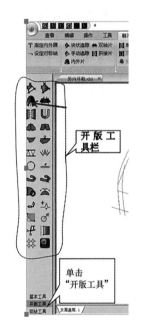，单击对称线1，顺时针依次单击组成鞋片外踝的所有线条2、3，右键结束，弹出提示窗，单击"确定"，单击对称线4、5，顺时针依次单击组成鞋片内踝的所有线条4、5，右键结束（如鞋片后续需做跷度处理，则右键同时按住键盘Shift键结束，如鞋片后续无须做跷度处理，则直接右键结束），生成内外踝展开的前帮，如图3-4-6所示。

图3-4-5　开版准备

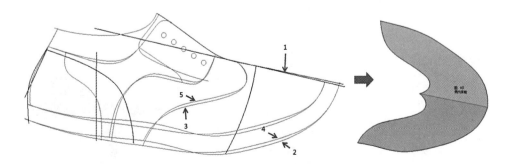

图3-4-6　鞋面前帮取线

（2）中帮

方法步骤：单击开版工具栏中的"内外片" ，单击对称线1，顺时针依次单击组成鞋片外踝的所有线条2、3、4，右键结束，弹出提示窗，单击"确定"，单击对称线5，顺时针依次单击组成鞋片内踝的所有线条5、6、7，右键结束，生成内外踝展开的中帮，如图3-4-7所示。

（3）鞋舌

方法步骤：单击 ，依次单击组成鞋舌的所有线条1、2、3，右键结束，生成单边鞋舌，单击"对称" 后单击1线，生成对称的鞋舌，如图3-4-8所示。

（4）鞋眼外帮

方法步骤：单击 ，依次单击组成鞋眼外帮的所有线条1、2、3、4、5，右键结束，生成鞋眼外帮，如图3-4-9所示。

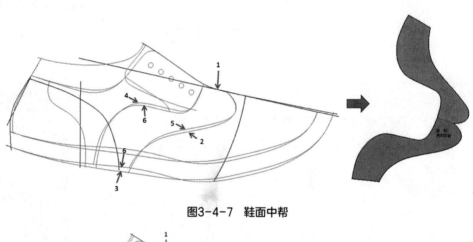

图3-4-7　鞋面中帮

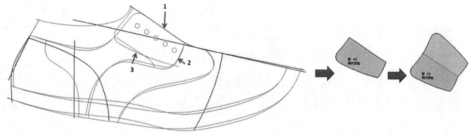

图3-4-8　鞋舌

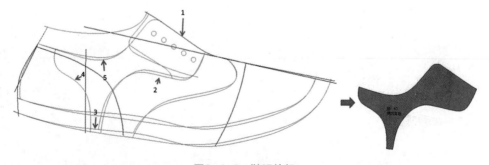

图3-4-9　鞋眼外帮

（5）鞋眼内帮

方法步骤：单击 ，依次单击组成鞋眼内帮的所有线条1、2、3、4、5，右键结束，生成鞋眼内帮，转换内外脚处理，如图3-4-10所示。

（6）后包跟

方法步骤：单击开版工具栏中的"内外片" ，单击对称线1，顺时针依次单击组成后包跟外踝的所有线条2、3、4、5，右键结束，弹出提示窗，单击"确定"，单击对称线1，顺时针依次单击组成后包内踝的所有线条6、3、7、5，右键结束，生成内外踝展开的后包跟，如图3-4-11所示。

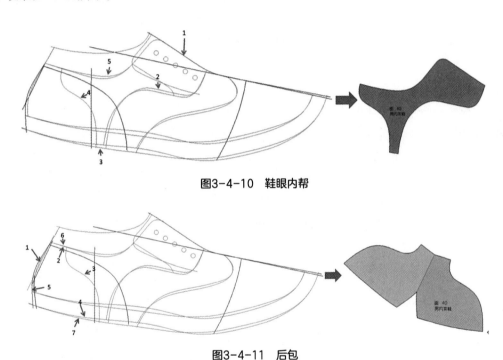

图3-4-10 鞋眼内帮

图3-4-11 后包

2．衬料部件样板

衬料部件样板通常是复制面料部件样板通过加边或减边完成，如无匹配的面料部件样板则另行提取样板。

方法步骤：1在右侧鞋片库中选相匹配的面料样板，右键下弹出提示窗，2单击"复制到"，再次弹出小提示窗，3单击小三角 ，4单击衬（复制里则选里，类推），5单击"确定"完成复制，完成复制后重新编辑（改名、边量加减等），如图3-4-12所示。

3．里料部件样板

里料部件样板通常是复制面料部件样板通过加边或减边完成，如无匹配的面料部件样板则另行提取样板。

方法步骤：1在右侧鞋片库中选相匹配的面料样板，右键下弹出提示窗，2单击"复制到"，再次弹出小提示窗，3单击小三角 ，4单击衬（复制里则选里，类推），5单击"确定"完成复制，完成复制后重新编辑（改名、边量加减等）。

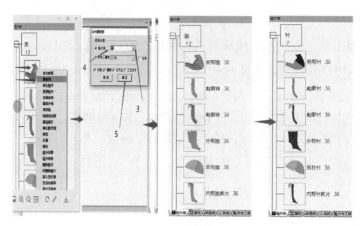

图3-4-12　衬料部件样板

（1）鞋身里

方法步骤：单击开版工具栏中的"内外片" ![icon]，单击对称线1，顺时针依次单击组成鞋身里外踝的所有线条2、3、4，右键结束，弹出提示窗，单击"确定"，单击对称线1，顺时针依次单击组成鞋身里内踝的所有线条5、3、6，右键结束，生成内外踝展开的鞋身里，如图3-4-13所示。

（2）鞋身里插（鞋身里插的作用是补偿跷度）

方法步骤：单击 ![icon]，依次单击组成鞋身里插所有线条1、2、3，右键结束，生成单边鞋身里插，单击"对称" ![icon]后单击1线，生成对称的鞋身里插，如图3-4-14所示。

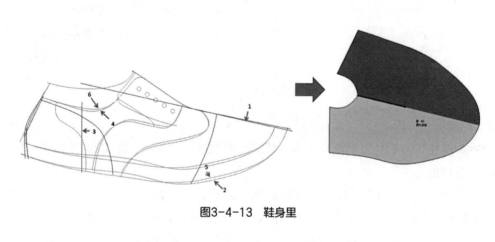

图3-4-13　鞋身里

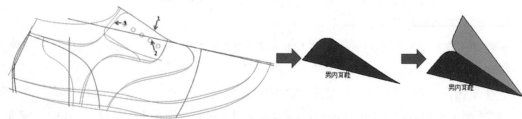

图3-4-14　鞋身里插

（3）后套里

方法步骤：单击开版工具栏中的"内外片" 🖑，单击对称线1，顺时针依次单击组成后套里外踝的所有线条2、3、4、5，右键结束，弹出提示窗，单击"确定"，单击对称线1，顺时针依次单击组成后套里内踝的所有线条6、3、7、5，右键结束，生成内外踝展开的后套里，如图3-4-15所示。

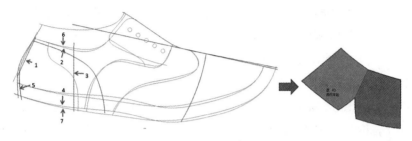

图3-4-15 后套里

4. 辅料部件样板

（1）主跟

方法步骤：单击开版工具栏中的"内外片" 🖑，单击对称线1，顺时针依次单击组成主跟外踝的所有线条2、3、4，右键结束，弹出提示窗，单击"确定"，单击对称线1，顺时针依次单击组成主跟内踝的所有线条2、5、4，右键结束，生成内外踝展开的主跟，如图3-4-16所示。

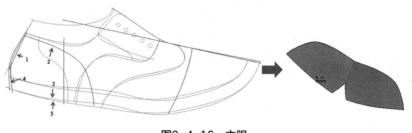

图3-4-16 主跟

（2）内包头

方法步骤：单击开版工具栏中的"内外片" 🖑，单击对称线1，顺时针依次单击组成内包头外踝的所有线条2、3，右键结束，弹出提示窗，单击"确定"，单击对称线1，顺时针依次单击组成内包头内踝的所有线条4、3，右键结束，生成内外踝展开的内包头，如图3-4-17所示。

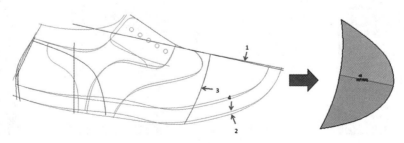

图3-4-17 内包头

5．鞋片编辑

鞋片提取完成后，可对鞋片进行编辑。在上方选项中选择"编辑"→"设置档案信息"，弹出提示窗，勾选"型体名称"或"客户名称"其中任一项，勾选"名称"，右侧输入信息，单击"确定"，在上方选项中单击"鞋片编辑"，完成准备工作，如图3-4-18所示。

（1）命名

①统一命名。方法步骤：1右键单击鞋片库内任一组，弹出提示窗，2单击"属性"，再次弹出提示窗，3填写组名称，4填写鞋片共名，5单击"OK"，6单击"统一命名"，即完成本组全部鞋片命名，如图3-4-19所示。

②个别命名。方法步骤：1单击右侧鞋片中单个鞋片，2单击上方工具栏中"鞋片属性"或按键盘快捷键Y，弹出提示窗，3在提示窗中表格里单击匹配的名称，4如无相匹配的名称，可在"鞋片名称"后方格中输入相匹配的名称，5单击"确定"，6将字体拖到理想位置

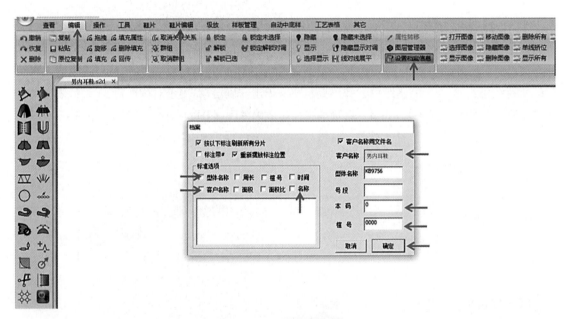

图3-4-18　鞋片编辑准备

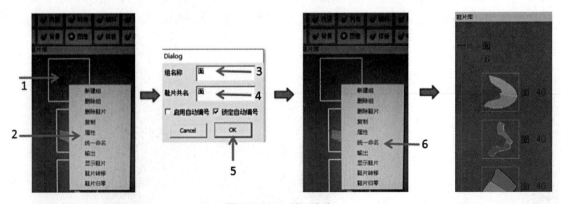

图3-4-19　统一命名

按F3或F4调整摆放角度，单击放下，完成个别命名，如图3-4-20所示。

（2）扩边

①扩平边。方法步骤：1单击右侧鞋片中单个鞋片，2单击上方工具栏中"扩边"或按快捷键K，3单击需扩边的边线，4在提示窗中单击扩边量（5如无匹配扩边量，可在"边量"后方框中输入扩边量后，单击"执行"），完成扩边，如图3-4-21所示。

②扩花边。方法步骤：1单击右侧鞋片中单个鞋片，2单击上方或左侧工具栏中"扩

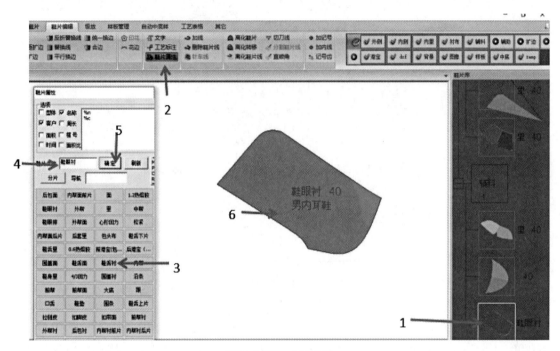

图3-4-20　个别命名

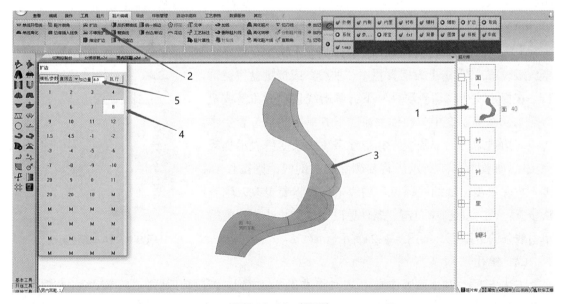

图3-4-21　扩平边

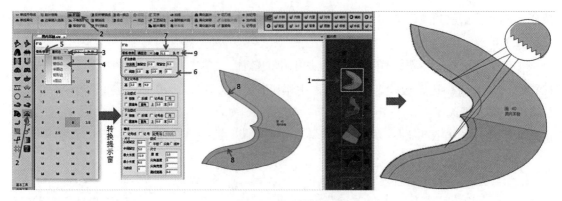

图3-4-22　扩花边

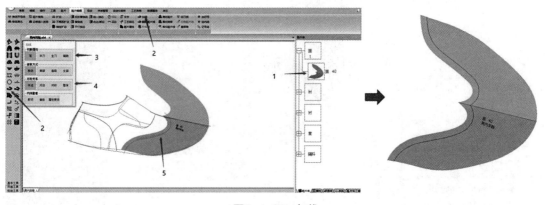

图3-4-23　加线

边"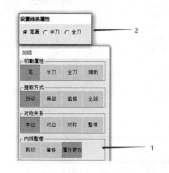或按快捷键K，3单击小三角"▼"，弹出提示窗，4在提示窗中单击扩边量类型（如锯齿边），5单击"填板/参数"转换提示窗，6填写花边数据，7填写扩边量（填写扩边量不含花边数据），8单击鞋片需扩边的边，9单击"执行"，完成扩边，如图3-4-22所示。

（3）加线

方法步骤：1单击右侧鞋片中单个鞋片，按空格键显示半面版线条，2单击上方工具栏中"加线"或按键盘快捷键T，3在提示窗中"切割属性"下方单击线条属性（笔或全刀等），4在提示窗中"对称关系"下方单击线条位置（本边或对边或对称），5依次点相应线条（线条变色表示加线完成），如图3-4-23所示。若要删除已加的线，则按住Alt键不放，单击已加的线即可。如线条属性需要更改，则方法步骤：1在提示窗中单击"属性更改"，2弹出小提示窗后单击线条属性即可，如图3-4-24所示。

图3-4-24　属性更改

（4）排孔

方法步骤：1在半面版作排孔线，2将排孔线归属到"图层管理器"的"辅助"（左键选中线条后单击 ✔辅助 ），3加线（辅助线）到样板上，4单击左侧工具栏中"冲孔" ⸜⸝，弹出提示窗，

5填写"排列方式"，6填写"参数"，7勾选"对称属性"，8勾选"起始方向"，9勾选"属性"，10单击排孔线条，11单击"确定"，完成排孔如线条属性需要更改，则方法步骤：1在提示窗中点"属性更改"，2弹出小提示窗后单击线条属性即可，如图3-4-25和图3-4-26所示。

（5）槽线（在加好线、扩好边的状态下做槽线）

方法步骤：1单击右侧鞋片中单个鞋片，2在左侧工具栏单击槽线█或按快捷键S，3提示窗中单击"本边"或"对边"或"对称"，4将要做槽线的线条拖动到理想位置，如图3-4-27所示。若要删除槽线，则按住Alt键不放，单击槽线即可。

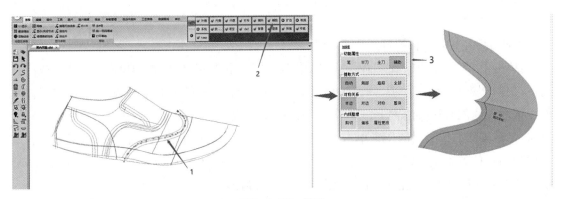

图3-4-25　排孔

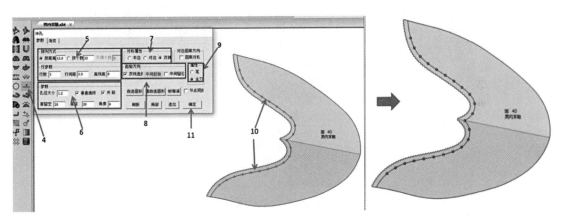

图3-4-26　完成排孔

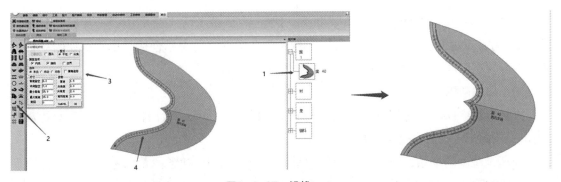

图3-4-27　槽线

（6）加记号（加冲孔）

方法步骤：单击右侧鞋片中单个鞋片，1单击上方工具栏中"加记号"，2选择加记号的类型，3调整记号数据，4选择记号的方位，5选择记号的切割属性，6在要加记号的准确位置单击，如图3-4-28所示。若要删除记号，则按住Alt键不放，单击记号即可。

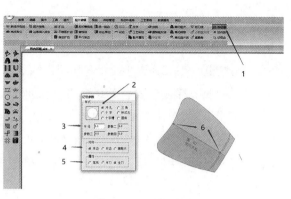

图3-4-28 加记号

（7）记号齿

方法步骤：1单击右侧鞋片中单个鞋片，2单击上方工具栏中"记号齿"或快捷键R，3输入记号齿高和宽，4单击"本边"或"对边"，5单击属性"全刀"或"画"，6单击"中垂"或"中分"（如记号齿处在对称片、内外片或双轴片的对称线位置上，则单击"中分"，其他位置则单击"中垂"），7单击记号齿形状，8单击需打记号齿的位置单击（如打内齿鼠标靠内，打外齿鼠标靠外，如记号齿需跟住样板内线位置不变，则按住Ctrl键不放，在内线和样板边沿交叉处单击），如图3-4-29所示。若要删除记号齿，则按住Alt键不放，单击记号齿即可。

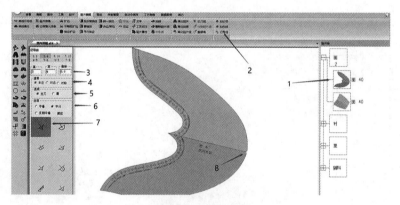

图3-4-29 记号齿

（8）鞋片倒角

方法步骤：单击右侧鞋片中单个鞋片，1单击左侧或上方工具栏中"鞋片倒角"，2鼠标指向需倒角的位置，3滚动鼠标中键调整倒角数据至角大小合适时单击，如图3-4-30所示。若要删除倒角，则按住Alt键不放，单击倒角即可。

（9）加裁向标

方法步骤：1从上方选项中"工具"打开工具栏目，2单击"裁向标"或左侧工具栏，3拖出一条标记再单击则完成，如图3-4-31所示。

处理过跷度的围条，裁向标与内外对称线平行，围盖、横条的裁向标与内外对称线垂直。若要删除裁向标，则按住Alt键不放，单击裁向标即可。

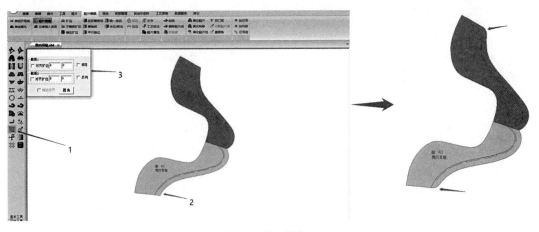

图3-4-30　倒角

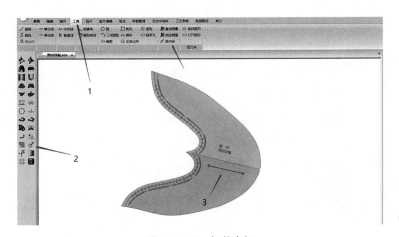

图3-4-31　加裁向标

　　所有面料部件样板、衬料部件样板、里料部件样板、辅料部件样板分别如图3-4-32至图3-4-35所示。

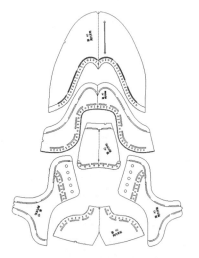

图3-4-32　所有面料部件样板

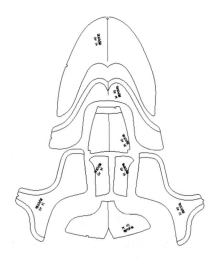

图3-4-33　所有衬料部件样板

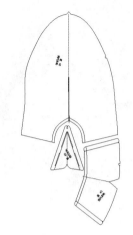

图3-4-34　所有里料部件样板

图3-4-35　所有辅料部件样板

三、级放与切割

　　所有样板编辑完成后可进行级放。在左下角选项卡中单击"级放工具"或上方选项中单击"级放",打开左侧开版工具栏,如图3-4-36所示。

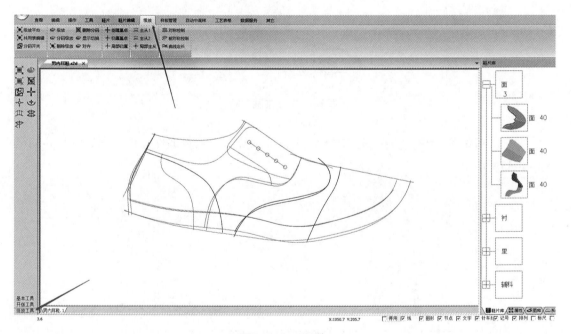

图3-4-36　级放

1．设定级放参数

　　方法步骤：1单击左侧级放平台■,打开级放数据表,2输入级放参数,3刷新,4输入号码齿法则,5单击"确定",如图3-4-37所示。

　　号码齿法则：H——方齿（代表10）,U——圆齿（代表5）,A——尖齿（代表1）,根据

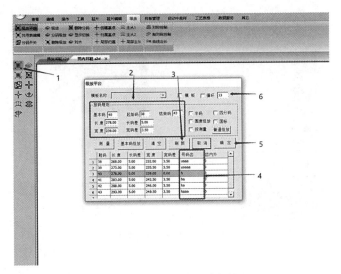

图3-4-37　设定级放参数

每个公司习惯组合方式输入。

6循环：如级放34#、35#、36#、37#、38#、39#、40#正常顺序的，则"循环"输入0，如图3-4-37所示。如级放6#、7#、8#、9#、10#、11#、12#、13#、1#、2#、3#、4#转折顺序的，则"循环"需输入转折点号码13，结束码则改为（转折点号码+转折点后号码个数）13+4=17，起始码6，结束码输入17。

2．主从控制或基点控制

帮脚宽度、假线距离等在级放前做主从控制或基点控制。

方法步骤：1单击从线（受控线），2单击主线，3点左侧工具栏中主从工具 ，从线变色即完成，如图3-4-38所示。

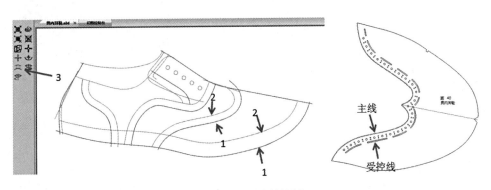

图3-4-38　主从控制

3．鞋片共码

方法步骤：1选中鞋片后右键一下弹出提示窗，2单击"共模说明"，再次弹出提示窗，3单击"共模"，4单击小三角 选择共码表（如无匹配表则需新建），5单击"确定"，如图3-4-39所示。若要取消共码，则单击"正常"即可。

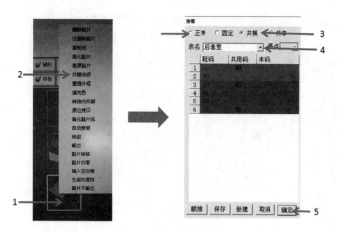

图3-4-39　鞋片共码

4. 打号码齿

只有在做级放平台数据及做好号码齿规则的前提下才能打号码齿。

方法步骤：选中鞋片，按快捷键R打开提示窗，1单击"中垂"，2单击窗口中号码齿工具 ✐，3单击鞋片边沿线，完成打号码齿（内齿鼠标靠内，外齿鼠标靠外），如图3-4-40所示。

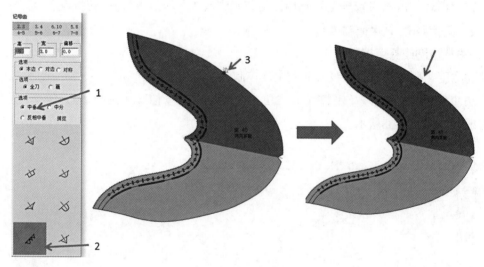

图3-4-40　打号码齿

5. 样板级放

方法步骤：1单击左侧工具栏中 ✐，弹出提示窗，2选择级放码数，3单击"确定"，如图3-4-41和图3-4-42所示。若要删除级放，则单击左侧工具栏中 ✐ 即可。

6. 样板切割

单击左上角 ☑，打开"切割控制台"，右键单击鞋片，弹出提示窗，单击"输出"，再次弹出提示窗，勾选鞋码，单击"确定"，单击"加页" ▣，弹出切割机页面，将鞋片拖到切割机页面内摆放好，单击"切割" ✂，如图3-4-43所示。

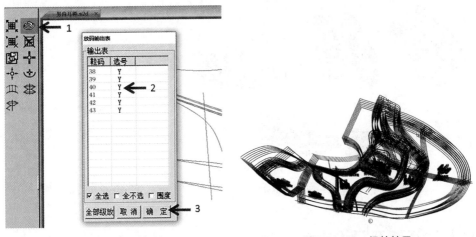

图3-4-41 样板级放　　　　　　　图3-4-42 级放结果

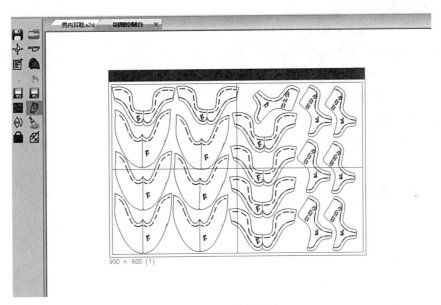

图3-4-43 样板切割

任务五

男外耳鞋的CAD工业制版

男外耳鞋

男外耳鞋是男正装鞋中的经典品类，其特点是鞋耳在外，集传统与时尚于一体，如图3-5-1所示。

以图3-5-2所示图例讲解男外耳鞋CAD制版步骤。

图3-5-1 男外耳鞋款式效果　　　　　　图3-5-2 CAD效果图

一、调整半面版及预设相应线条

1．导出原始半面版

①后高控制点，如图3-5-3中1所示。

②第五跖趾点，如图3-5-3中2所示。

③跖趾围线与背中线交叉点，如图3-5-3中3所示。

④跖趾围线，如图3-5-3中4所示。

⑤外踝跖趾围线中点，如图3-5-3中5所示。

⑥舟上弯点，如图3-5-3中6所示。

⑦后踵点，如图3-5-3中7所示。

⑧口门深度控制点，如图3-5-3中8所示。

⑨小趾围线，如图3-5-3中9所示。

⑩口档线，如图3-5-3中10所示。

⑪围盖围条参照线，如图3-5-3中11所示。

⑫后高控制点与跖趾围外线中点的连线，如图3-5-3中12所示。

⑬鞋耳锁口位，如图3-5-3中13所示。

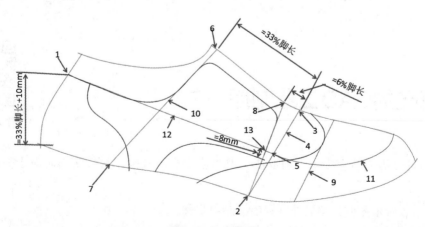

图3-5-3 半面版

2．调整半面版及预设相应线条

①背中线前端拉直，如图3-5-4中1所示。

②后弧下口加量放松，如图3-5-4中2所示。

③帮脚加量，如图3-5-4中3所示。

④内踝线，如图3-5-4中4所示。

⑤主跟和内包头线，如图3-5-4中5所示。

⑥后帮里线，如图3-5-4中6所示。

⑦后包跟对称线，如图3-5-4中7所示。

⑧后帮里及主跟对称线，如图3-5-4中8所示。

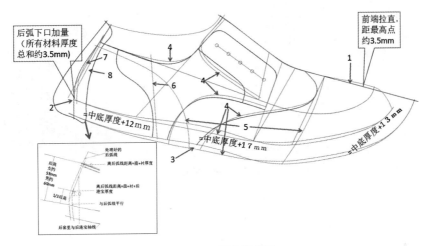

图3-5-4　调整半面版

二、开版

半面版预设完成，依次提取面、里、衬、辅各相应部件鞋片（样板）。在左下角选项卡中单击"开版工具"，打开左侧开版工具栏，如图3-5-5所示。

1．面料部件样板

（1）前帮

方法步骤：单击开版工具栏中的"内外片" 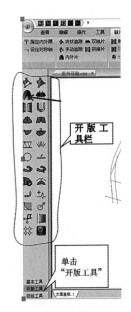，单击对称线1，顺时针依次单击组成鞋片外踝的所有线条2、5，右键结束，弹出提示窗，单击"确定"，单击对称线3、6，顺时针依次单击组成鞋片内踝的所有线条4、5，右键结束（如鞋片后续需做跷度处理，则右键同时按住键盘Shift键结束，如鞋片后续无须做跷度处理，则直接右键结束），生成内外踝展开的前帮，如图3-5-6所示。

（2）中帮

方法步骤：单击开版工具栏中的"内外片" ，单击对称线1，

图3-5-5　开版准备

顺时针依次单击组成鞋片外踝的所有线条5、2、11、13、9、7，右键结束，弹出提示窗，单击"确定"，单击对称线1，顺时针依次单击组成鞋片内踝的所有线条6、3、12、14、10、7，右键结束，生成内外踝展开的中帮，如图3-5-7所示。

（3）鞋舌

方法步骤：单击开版工具栏中的"内外片" 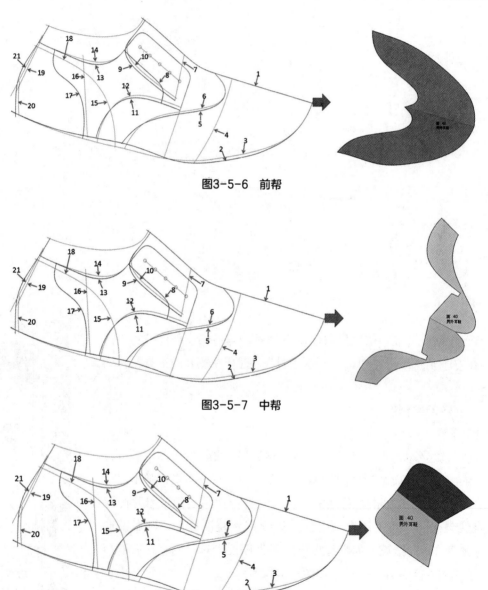，单击对称线1，顺时针依次单击组成鞋片外踝的所有线条7、9，右键结束，弹出提示窗，单击"确定"，单击对称线1，顺时针依次单击组成鞋片内踝的所有线条7、10，右键结束，生成内外踝展开的鞋舌，如图3-5-8所示。

（4）鞋眼外帮

方法步骤：单击 ，依次单击组成鞋眼外帮的所有线条13、11、2、17，右键结束，生

图3-5-6　前帮

图3-5-7　中帮

图3-5-8　鞋舌

成鞋眼外帮，如图3-5-9所示。

（5）鞋眼内帮

方法步骤：单击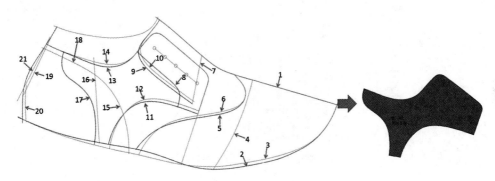，依次单击组成鞋眼内帮的所有线条14、12、3、17，右键结束，生成鞋眼内帮，转换内外脚处理，如图3-5-10所示。

（6）后包跟

方法步骤：单击开版工具栏中的"内外片"，单击对称线21，顺时针依次单击组成后包跟外踝的所有线条13、17、2、20，右键结束，弹出提示窗，单击"确定"，单击对称线21，顺时针依次单击组成后包跟内踝的所有线条14、17、3、20，右键结束，生成内外踝展开的后包跟，如图3-5-11所示。

图3-5-9　鞋眼外帮

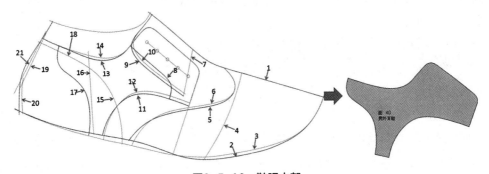

图3-5-10　鞋眼内帮

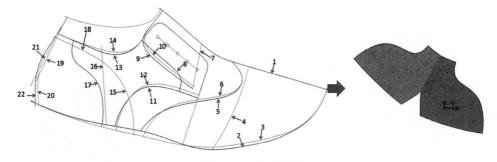

图3-5-11　后包跟

2. 衬料部件样板

衬料部件样板，通常是复制面料部件样板通过加边或减边完成，如无匹配的面料部件样板，则另行提取样板。

方法步骤：1在右侧鞋片库中选相匹配的面料样板，右键下弹出提示窗，2单击"复制到"，再次弹出小提示窗，3单击小三角▾，4单击衬（复制里则选里，类推），5单击"确定"，完成复制，完成复制后重新编辑（改名、边量加减等），如图3-5-12所示。

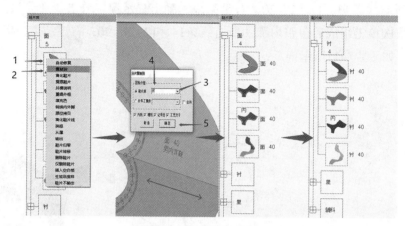

图3-5-12　衬料部件样板

3. 里料部件样板

里料部件样板，通常是复制面料部件样板通过加边或减边完成，如无匹配的面料部件样板，则另行提取样板。

方法步骤：1在右侧鞋片库中选相匹配的面料样板，右键下弹出提示窗，2单击"复制到"，再次弹出小提示窗，3单击小三角▾，4单击衬（复制里则选里，类推），5单击"确定"，完成复制，完成复制后重新编辑（改名、边量加减等）。

（1）鞋头里

方法步骤：单击开版工具栏中的"内外片"🔺，单击对称线23，顺时针依次单击组成鞋头里外踝的所有线条2、13、9、7，右键结束，弹出提示窗，单击"确定"，单击对称线23，顺时针依次单击组成鞋头里内踝的所有线条3、14、10、7，右键结束，生成内外踝展开的鞋头里，如图3-5-13所示。

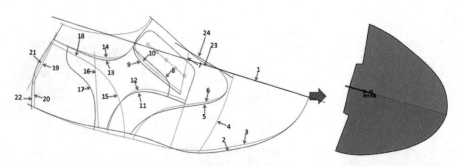

图3-5-13　鞋头里

（2）鞋头里插（鞋头里插的作用是补偿跷度）

方法步骤：单击 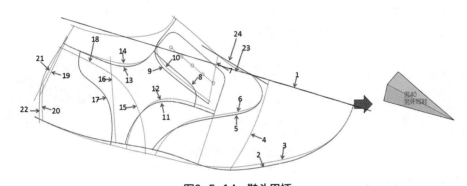 ，依次单击组成鞋头里插的所有线条24、23、7，右键结束，生成单边鞋头里插，单击"对称" U 后单击24线，生成对称的鞋头里插，如图3-5-14所示。

（3）外帮里

方法步骤：单击 ，依次单击组成外帮里的所有线条13、2、16，右键结束，生成单边外帮里，如图3-5-15所示。

（4）内帮里

方法步骤：单击 ，依次单击组成内帮里的所有线条14、3、16，右键结束，生成单边内帮里，如图3-5-16所示。用鞋舌样板复制加减边量即可，如图3-5-17所示。

图3-5-14　鞋头里插

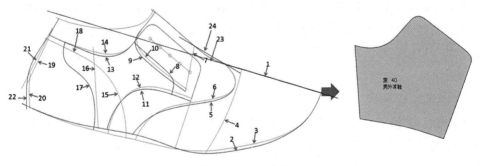

图3-5-15　外帮里

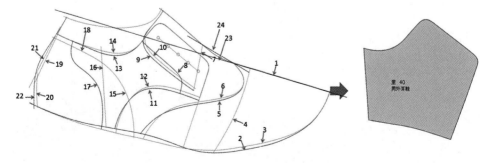

图3-5-16　内帮里

（5）后套里

方法步骤：单击开版工具栏中的"内外片" ，单击对称线19，顺时针依次单击组成后套里外踝的所有线条13、2、20、16，右键结束，弹出提示窗，单击"确定"，单击对称线19，顺时针依次单击组成后套里内踝的所有线条14、3、20、16，右键结束，生成内外踝展开的后套里，如图3-5-18所示。

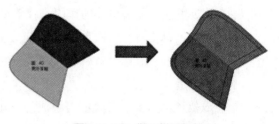

图3-5-17　鞋舌样板复制

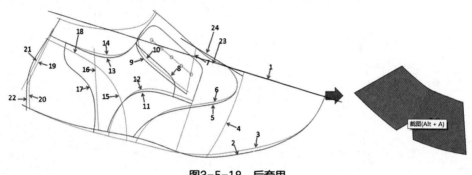

图3-5-18　后套里

4．辅料部件样板

（1）主跟

方法步骤：单击开版工具栏中的"内外片" ，单击对称线19，顺时针依次单击组成主跟外踝的所有线条18、2、20，右键结束，弹出提示窗，单击"确定"，单击对称线19，顺时针依次单击组成主跟内踝的所有线条18、3、20，右键结束，生成内外踝展开的主跟，如图3-5-19所示。

（2）内包头

方法步骤：单击开版工具栏中的"内外片" ，单击对称线1，顺时针依次单击组成内包头外踝的所有线条2、4，右键结束，弹出提示窗，单击"确定"，单击对称线1，顺时针依次单击组成内包头内踝的所有线条3、4，右键结束，生成内外踝展开的内包头，如图3-5-20所示。

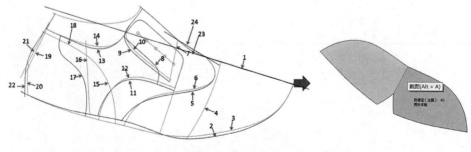

图3-5-19　主跟

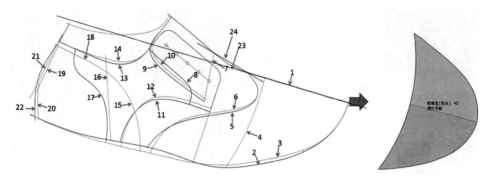

图3-5-20 内包头

5. 鞋片编辑

鞋片提取完成后，可对鞋片进行编辑。在上方选项中选择"编辑"→"设置档案信息"，弹出提示窗，勾选"型体名称"或"客户名称"其中任一项，勾选"名称"，输入信息，单击"确定"，在上方选项中选择"鞋片编辑"，完成准备工作，如图3-5-21所示。

（1）命名

①统一命名。方法步骤：1右键单击鞋片库内任一组，弹出提示窗，2单击"属性"，再次弹出提示窗，3填写组名称，4填写鞋片共名，5单击"OK"，6单击"统一命名"，即完成本组全部鞋片命名，如图3-5-22所示。

②个别命名。方法步骤：1单击右侧鞋片中单个鞋片，2点上方工具栏中"鞋片属性"或按键盘快捷键Y，弹出提示窗，3单击匹配的名称（4如无相匹配的名称，可在方格中输入相匹配的名称），5单击确定，6将字体拖到理想位置，按F3或F4调整摆放角度，单击，完成个别命名，如图3-5-23所示。

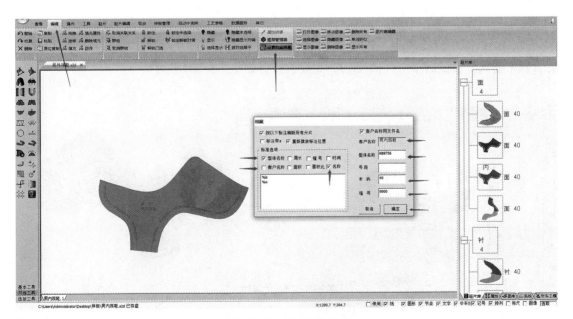

图3-5-21 鞋片编辑准备

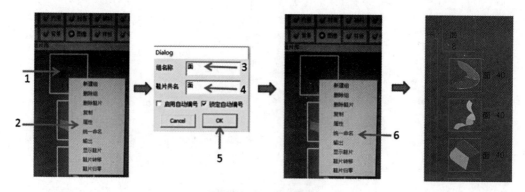

图3-5-22　统一命名

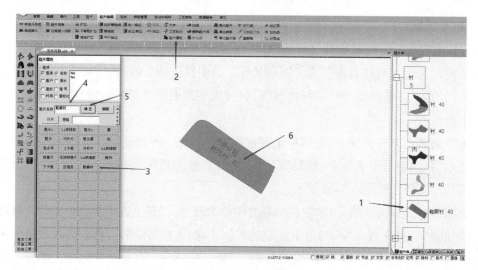

图3-5-23　个别命名

（2）扩边

①扩平边。方法步骤：1单击右侧鞋片中单个鞋片，2单击上方工具栏中"扩边"或按快捷键K，3单击需扩边的边线，4在提示窗中单击扩边量（5如无匹配扩边量，可在"边量"后方框中输入扩边量后单击"执行"），完成扩边，如图3-5-24所示。

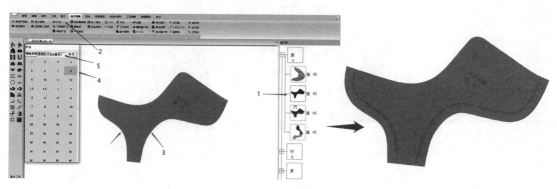

图3-5-24　扩平边

②扩花边。方法步骤：1单击右侧鞋片中单个鞋片，2单击上方或左侧工具栏中"扩边" 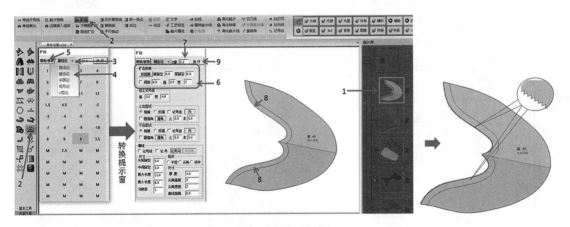或按快捷键K，3单击小三角" "，弹出小提示窗，4在小提示窗中单击扩边量类型（如锯齿边），5单击" 模板/参数 "转换提示窗，6填写花边数据，7填写扩边量（不含花边数据），8单击鞋片需扩边的边，9单击"执行"，完成扩边，如图3-5-25所示。

（3）加线

方法步骤：1单击右侧鞋片中单个鞋片，按空格键显示半面版线条，2单击上方工具栏中"加线"或按快捷键T，3在提示窗中"切割属性"下方单击线条属性（笔或全刀等），4在提示窗中"对称关系"下方单击线条位置（本边、对边或对称），5依次单击相应线条（线条变色表示加线完成），如图3-5-26所示。若要删除已加的线，则按住Alt键不放，单击已加的线即可。

如线条属性需要更改，则方法步骤：在提示窗中下方单击"属性更改"，弹出小提示窗后单击线条属性即可。

（4）排孔

方法步骤：1在半面版作排孔线，2将排孔线归属到"图层管理器"的"辅助"（选中线条后右键单击 辅助 ），3加线（辅助线）到样板上，4单击左侧工具栏中"冲孔" ，弹出提

图3-5-25 扩花边

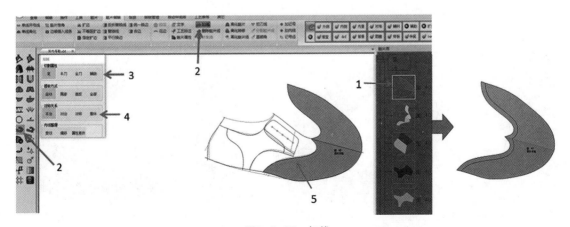

图3-5-26 加线

示窗，5填写"排列方式"，6填写"参数"，7勾选"对称属性"，8勾选"起始方向"，9勾选"属性"，10单击排孔线条，11单击"确定"，完成排孔，如图3-5-27和图3-5-28所示。

（5）槽线（在加好线、扩好边的状态下做槽线）

方法步骤：1单击右侧鞋片中单个鞋片，2在左侧工具栏单击槽线▲或按快捷键S，3提示窗中单击"本边"或"对边"或"对称"，4将要做槽线线条拖动到理想位置后单击，如图3-5-29所示。若要删除槽线，则按住Alt键不放，单击槽线即可。

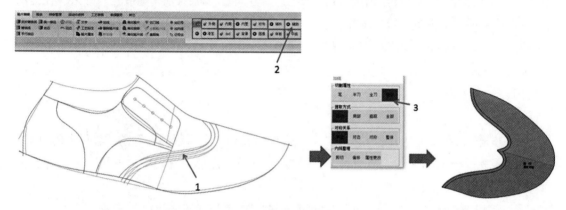

图3-5-27 排孔

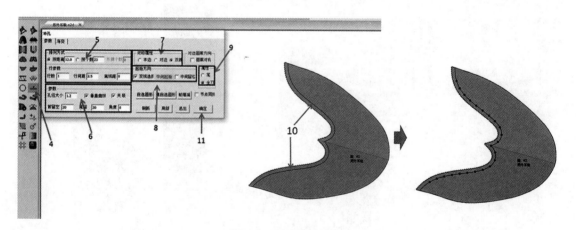

图3-5-28 排孔步骤

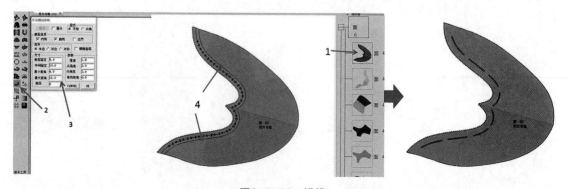

图3-5-29 槽线

（6）加记号（加冲孔）

方法步骤：单击右侧鞋片中单个鞋片，1单击上方工具栏中"加记号"，2选择加记号的类型，3调整记号数据，4选择记号的方位，5选择记号的切割属性，6在要加记号的位置单击，如图3-5-30所示。若要删除记号，则按住Alt键不放，单击记号即可。

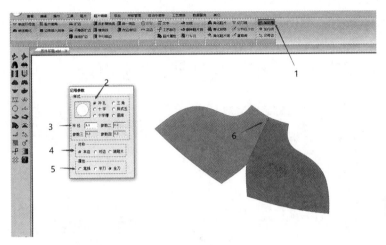

图3-5-30　加记号

（7）记号齿

方法步骤：1单击右侧鞋片中单个鞋片，2单击上方工具栏中"记号齿"或按快捷键R，3输入记号齿高和宽，4单击"本边"或"对边"，5单击属性"全刀"或"画"，6单击"中垂"或"中分"（如记号齿处在对称片、内外片或双轴片的对称线位置则单击"中分"，其他位置则单击"中垂"），7单击记号齿形状，8在需打记号齿的位置单击（如打内齿鼠标靠内，打外齿鼠标靠外，如记号齿需跟住样板内线位置不变则按住Ctrl键不放，在内线和样板边沿交叉处单击），如图3-5-31所示。若要删除记号齿，则按住Alt键不放，单击记号齿即可。

（8）鞋片倒角

方法步骤：单击右侧鞋片中单个鞋片，1单击左侧或上方工具栏中"鞋片倒角" ，2鼠

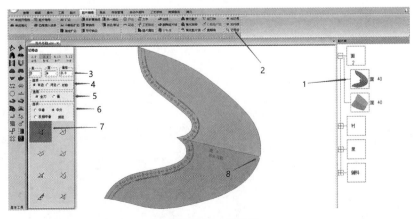

图3-5-31　记号齿

标指向需倒角的位置，3滚动鼠标中键，调整倒角数据至角大小合适时单击，如图3-5-32所示。若要删除倒角，则按住Alt键不放，单击倒角即可。

（9）加裁向标

方法步骤：1在上方选项"工具"中打开工具栏目，2单击"裁向标"或左侧工具栏中♂，3拖动出一条标记再单击即可完成，如图3-5-33所示。

处理过跷度的围条，裁向标与内外对称线平行，围盖、横条的裁向标与内外对称线垂直。若要删除裁向标，则按住Alt键不放，单击裁向标即可。

所有面料样板、衬料样板、里料样板、辅料样板分别如图3-5-34至图3-5-37所示。

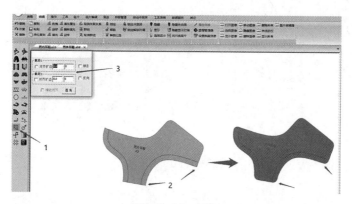

图3-5-32　倒角

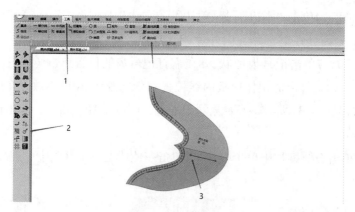

图3-5-33　加裁向标

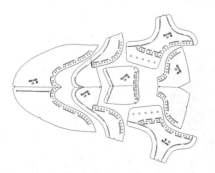

图3-5-34　所有面料样板

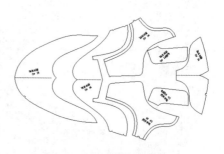

图3-5-35　所有衬料样板

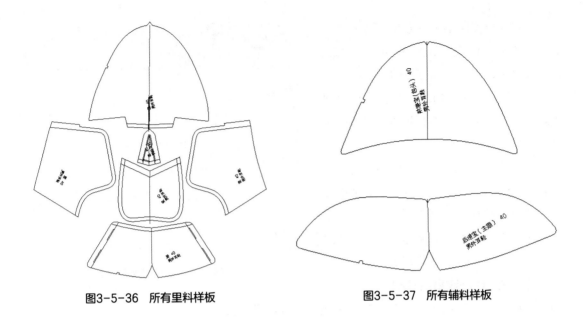

图3-5-36 所有里料样板 　　　　　　　图3-5-37 所有辅料样板

三、级放与切割

　　所有样板编辑完成后可进行级放。在左下角选项卡中单击"级放工具"或在上方选项中单击"级放",打开左侧开版工具栏,如图3-5-38所示。

1.设定级放参数

　　方法步骤:1单击左侧级放平台[图],打开级放数据表,2输入级放参数,3刷新,4输入号码齿法则,5单击"确定",如图3-5-39所示。

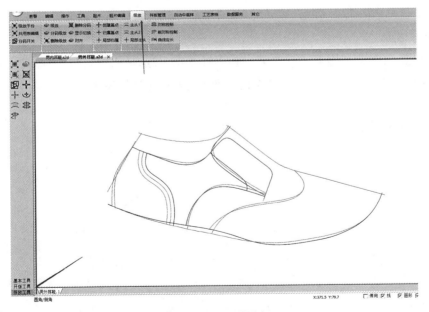

图3-5-38 级放准备

号码齿法则：H——方齿（代表10），U——圆齿（代表5），A——尖齿（代表1），根据每个公司习惯组合方式输入。

6循环：如级放34#、35#、36#、37#、38#、39#、40#正常顺序的，则"循环"输入0，如图3-5-39所示。

如级放6#、7#、8#、9#、10#、11#、12#、13#、1#、2#、3#、4#转折顺序的，则"循环"需输入转折点号码13，结束码则改为（转折点号码+转折点后号码个数）13+4=17，起始码6，结束码输入17。

图3-5-39　设定级放参数

2．主从控制或基点控制

帮脚宽度、假线距离等在级放前做主从控制或基点控制。

方法步骤：1单击从线（受控线），2单击主线，3单击左侧工具栏主从工具▥，从线变色则完成，如图3-5-40所示。

3．鞋片共码

方法步骤：1选中鞋片，右键弹出提示窗，单击"共模说明"，再次弹出提示窗，3单击"共模"，4单击小三角▾，选择共码表（如无匹配表则需新建），5单击"确定"，如图3-5-41所示。若要取消共码，则单击"正常"即可。

4．打号码齿

只有在做级放平台数据及做好号码齿规则的前提下才能打号码齿。

方法步骤：选中鞋片，按快捷键R打开提示窗，1单击"中垂"，2选择窗口中号码齿工具▨，3单击鞋片边沿线，完成打号码齿（内齿鼠标靠内，外齿鼠标靠外），如图3-5-42所示。

5．样板级放

方法步骤：1单击左侧工具栏中⬭，弹出提示窗，2选择级放码数，3单击"确定"，如图3-5-43和图3-5-44所示。若要删除级放，则单击左侧工具栏中▨即可。

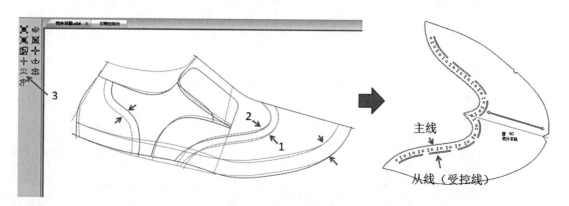

图3-5-40　主从控制

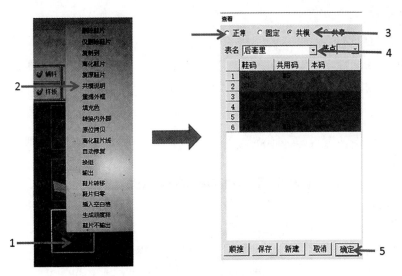

图3-5-41　鞋片共码

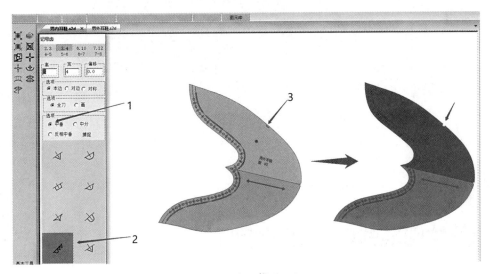

图3-5-42　打号码齿

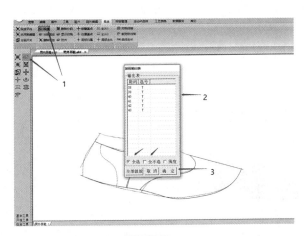

图3-5-43　样板级放

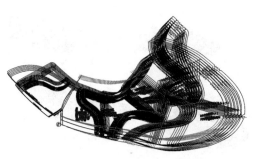

图3-5-44　样板级放结果

6. 样板切割

单击左上角 ，打开"切割控制台"，右键单击鞋片，弹出提示窗，单击"输出"，再次弹出提示窗，勾选鞋码，单击"确定"，单击"加页"，弹出切割机页面，将鞋片拖到切割机页面内摆放好，单击"切割"，如图3-5-45所示。

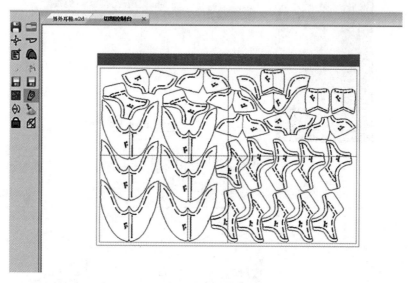

图3-5-45　样板切割

任务六

男围盖休闲鞋的CAD工业制版

男围盖休闲鞋

围盖休闲鞋是男鞋中的传统品类，由鞋盖、围条组成，可分为系带式、松紧式、横条式等，款式效果如图3-6-1所示。

以图3-6-2所示款式讲解男围盖休闲鞋CAD制版步骤。

图3-6-1　款式效果

图3-6-2　CAD款式图

一、调整半面版及预设相应线条

1. 导出原始半面版

①后高控制点，如图3-6-3中1所示。

②跖趾围线与背中线交叉点，如图3-6-3中2所示。

③第五跖趾点，如图3-6-3中3所示。

④外踝跖趾围线中点，如图3-6-3中4所示。

⑤小趾围线与背中线交叉点，如图3-6-3中5所示。

⑥第五跖趾突点，如图3-6-3中6所示。

⑦舟上弯点，如图3-6-3中7所示。

⑧后踵点，如图3-6-3中8所示。

⑨跖趾围线，如图3-6-3中9所示。

⑩小趾围线，如图3-6-3中10所示。

⑪后高控制点与跖趾围外线中点的连线，如图3-6-3中11所示。

⑫口档线，如图3-6-3中12所示。

⑬围盖、围条参照线，如图3-6-3中13所示。

2. 调整半面版及预设相应线条

①背中线前端拉直，如图3-6-4中1所示。

②后弧下口加量放松，如图3-6-4中2所示。

③帮脚加量，如图3-6-4中3所示。

④内踝线，如图3-6-4中4所示。

⑤主跟和内包头线，如图3-6-4中5所示。

⑥内里线，如图3-6-4中6所示。

⑦后套里及主跟对称线，如图3-6-4中7所示。

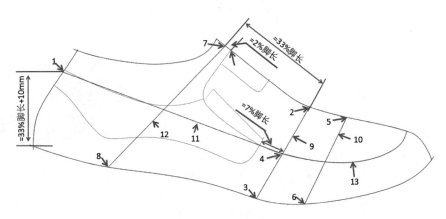

图3-6-3 半面版

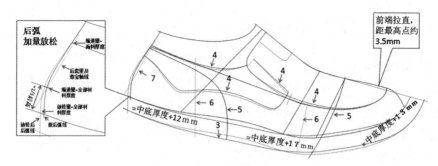

图3-6-4　调整半面版

二、开版

半面版预设完成，依次提取面、里、衬、辅各相应部件鞋片（样板）。在左下角选项卡中单击"开版工具"，打开左侧开版工具栏，如图3-6-5所示。

1. 面料部件样板

（1）围盖

方法步骤：单击开版工具栏中的"内外片" 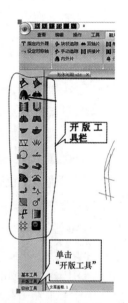，单击对称线1，顺时针依次单击组成围盖外踝的线条5，右键结束，弹出提示窗，单击"确定"，单击对称线1，顺时针依次单击组成围盖内踝的线条6，按住Shift键，右键结束（如鞋片后续需做跷度处理，则右键同时按住Shift键结束，如鞋片后续无须做跷度处理，则直接右键结束），生成内外踝重叠的围盖，如图3-6-6所示。

图3-6-5　开版准备

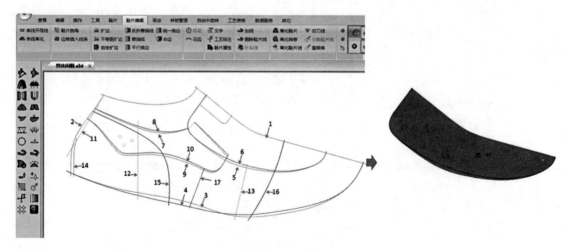

图3-6-6　围盖

（2）围盖取跷

有内线的样板要先加内线再取跷，如图3-6-7所示。

方法步骤：1单击上方选项中"鞋片"，2选择鞋片库鞋片，3单击左上角"设定对称轴"，4单击左侧或上方工具栏中"通用取跷器"  ，5单击鞋片内空，弹出标尺及提示窗，6调整标尺：原点放置在背中线弯点

图3-6-7　加内线

中央，按F3或F4调整标尺角度到合适时单击放下标尺，7提示窗中点双跷，8提示窗中单击自定义，9调整取跷线（拖动线两头）与标尺垂直，10调整取跷旋转点，11转跷：按F4降跷使部分前向的背中线贴近标尺（分次重复9、10、11步，使全部前向的背中线贴近标尺），取跷线调回原点位置，按F5改变方向，分次重复9、10、11步，使全部后向的背中线贴近标尺（降跷时改为按F3键），12单击提示窗内"光顺"，调顺变形线段，13光顺部分变形线条，14单击提示窗内"确定"，生成展开的内外片围盖，如图3-6-8至图3-6-10所示。

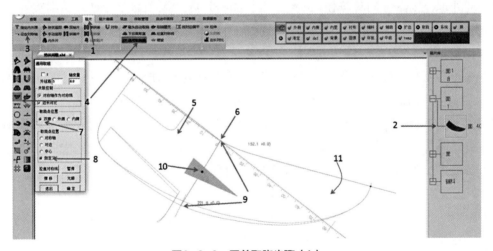

图3-6-8　围盖取跷步骤（1）

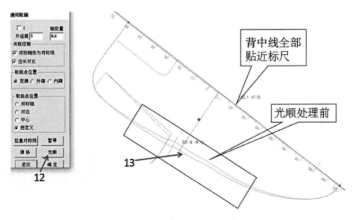

图3-6-9　围盖取跷步骤（2）

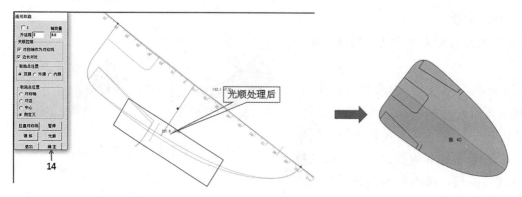

图3-6-10　围盖取跷步骤（3）

（3）提取围条

方法步骤：单击开版工具栏中的"内外片" ，单击对称线1，顺时针依次单击组成围条外踝的所有线条3、2、9、5，右键结束，弹出提示窗，单击"确定"，单击对称线1，顺时针依次单击组成围条内踝的所有线条4、2、10、6，按Shift键单击右键结束（如鞋片后续需做跷度处理，则右键同时按住Shift键结束，如鞋片后续无须做跷度处理，则直接右键结束），生成内外踝重叠的围条，如图3-6-11所示。

（4）围条降跷

方法步骤：1单击上方选项中"鞋片"，2单击鞋片库鞋片，3单击"设定对称轴"，4单击"鞋头自动取跷"，弹出提示窗，5提示窗中填写帮底缩减数量，6单击鞋片内空白处，7单击上口取跷范围起点并拖到终点单击，再右键退出，8单击帮底取跷范围起点并拖到终点单击再右键退出（与对称轴交叉的点为起点），9单击提示窗中"OK"，生成展开的已降跷的围条鞋片（帮底缩减数量见小图），如图3-6-12所示。

（5）提取内帮下片

方法步骤：单击开版工具栏中的"手动追踪" ，顺时针依次单击组成内帮下片的所有线条2、10、17、4，右键结束内帮下片，如图3-6-13所示。

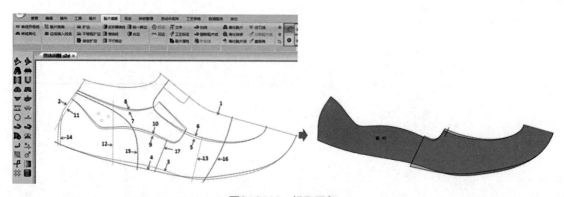

图3-6-11　提取围条

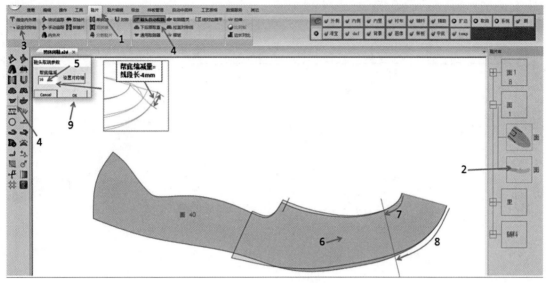

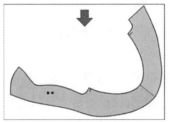

图3-6-12　围条降跷

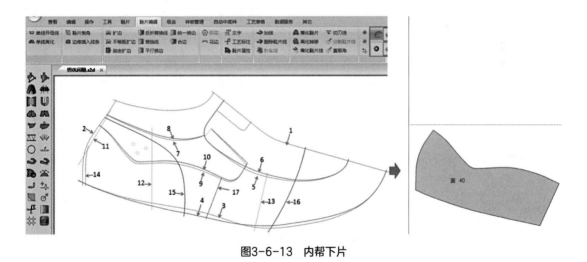

图3-6-13　内帮下片

（6）内外帮上片

方法步骤：单击开版工具栏中的"内外片" ，单击对称线2，顺时针依次单击组成内外帮上片外踝的所有线条7、5、9，右键结束，弹出提示窗，单击"确定"，单击对称线2，顺时针依次单击组成内外帮上片内踝的所有线条8、6、10，右键结束，生成内外踝展开的内外帮上片，如图3-6-14所示。

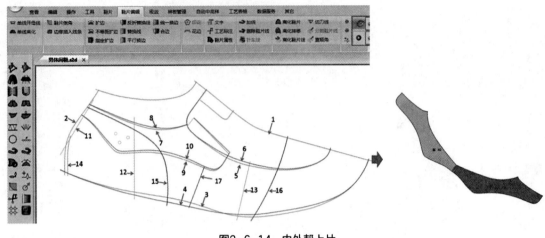

图3-6-14　内外帮上片

2．衬料部件样板

衬料部件样板，通常是复制面料部件样板通过加边或减边完成，如无匹配的面料部件样板，则另行提取样板。

方法步骤：1在右侧鞋片库中选相匹配的面料样板，右键下弹出提示窗，2单击"复制到"，再次弹出小提示窗，3单击小三角▾，4单击衬（复制里则选里，类推），5单击"确定"完成复制，如图3-6-15所示。完成复制后重新编辑（改名、边量加减等）。

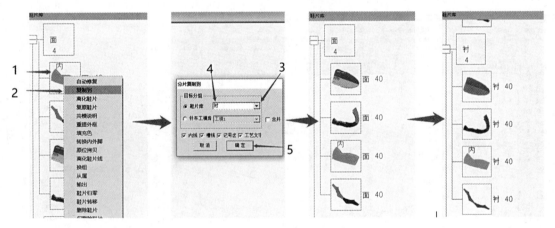

图3-6-15　衬料部件样板

3．里料部件样板

里料部件样板，通常是复制面料部件样板通过加边或减边完成，如无匹配的面料部件样板，则另行提取样板。

方法步骤：1在右侧鞋片库中选相匹配的面料样板，右键下弹出提示窗，2单击"复制到"，再次弹出小提示窗，3单击小三角▾，4单击衬（复制里则选里，类推），5单击"确定"完成复制，如图3-6-16所示。完成复制后重新编辑（改名、边量加减等）。

（1）鞋头

打开图层管理器，显示围盖取跷后的对称线及边线，以围盖取跷后的对称线及边线为鞋头里版。

方法步骤：单击开版工具栏中的"内外片"，单击对称线1，顺时针依次单击组成鞋头里外踝的所有线条4、3、2，右键结束，如图3-6-17所示，弹出提示窗，单击"确定"，单击对称线1，顺时针依次单击组成鞋头里内踝的所有线条4、3、2，右键结束，如图3-6-17所示。

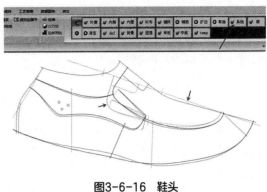

图3-6-16　鞋头

（2）外帮里

方法步骤：1单击，依次单击组成外帮里的所有线条7、5、13、3、12，右键结束，生成外帮里，如图3-6-18所示。

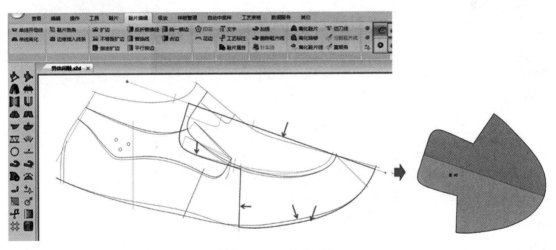

图3-6-17　鞋头效果

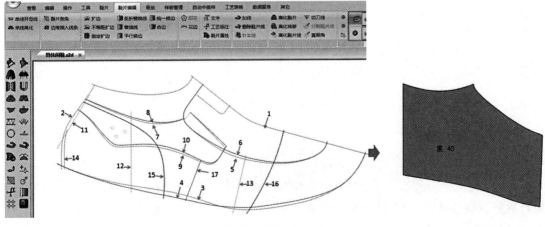

图3-6-18　外帮里

（3）内帮里

方法步骤：1单击　，依次单击组成内帮里的所有线条8、6、13、4、12，右键结束，生成内帮里，如图3-6-19所示。

（4）后套里

方法步骤：单击开版工具栏中的"内外片"　，单击对称线11，顺时针依次单击组成后套里外踝的所有线条7、3、12、14，右键结束，弹出提示窗，单击"确定"，单击对称线，顺时针依次单击组成后套里内踝的所有线条8、12、4、14，右键结束，生成后套里，如图3-6-20所示。

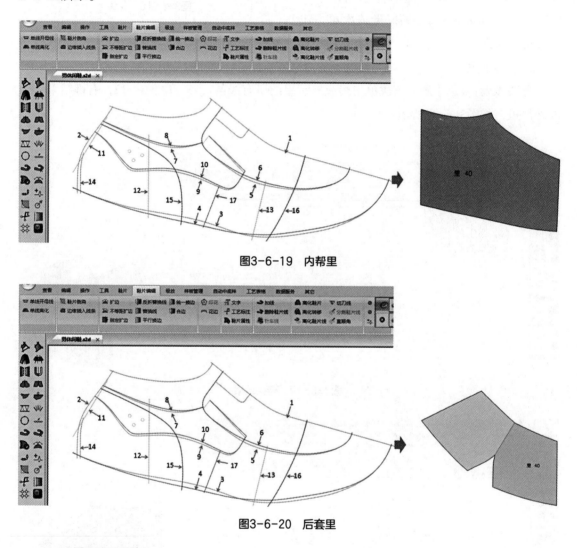

图3-6-19　内帮里

图3-6-20　后套里

4. 辅料部件样板

（1）主跟

方法步骤：单击开版工具栏中的"内外片"　，单击对称线11，顺时针依次单击组成主跟外踝的所有线条15、3、14，右键结束，弹出提示窗，单击"确定"，单击对称线，顺时针依次单击组成主跟内踝的所有线条15、4、14，右键结束，生成主跟，如图3-6-21所示。

（2）内包头

方法步骤：单击开版工具栏中的"内外片" 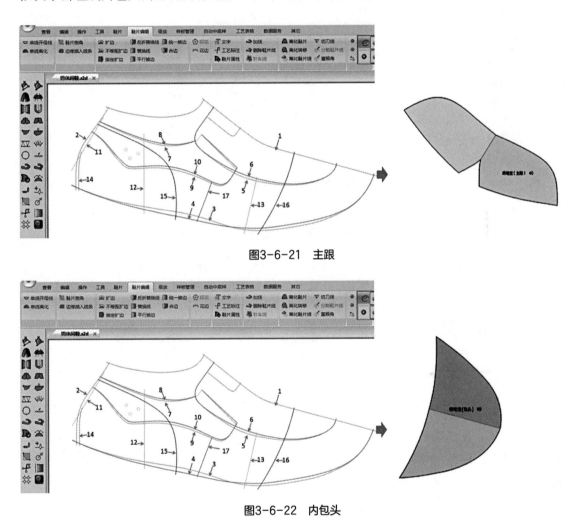，单击对称线1，顺时针依次单击组成内包头外踝的所有线条16、3，右键结束，弹出提示窗，单击"确定"，单击对称线1，顺时针依次单击组成内包头内踝的所有线条16、4，右键结束，生成内包头，如图3-6-22所示。

图3-6-21 主跟

图3-6-22 内包头

5.鞋片编辑

鞋片提取完成后，可对鞋片进行编辑。在上方选项中选择"编辑"→"设置档案信息"，弹出提示窗，勾选"型体名称"或"客户名称"其中任一项，勾选"名称"输入信息，单击"确定"，在上方选项中单击选择"鞋片编辑"，完成准备工作，如图3-6-23所示。

（1）命名

①统一命名。方法步骤：1右键单击鞋片库内任一组，弹出提示窗，2单击"属性"，再次弹出提示窗，3填写组名称，4填写鞋片共名，5单击"OK"，6单击"统一命名"，即完成本组全部鞋片命名，如图3-6-24所示。

②个别命名。方法步骤：1单击右侧鞋片中单个鞋片，2单击上方工具栏中"鞋片属性"

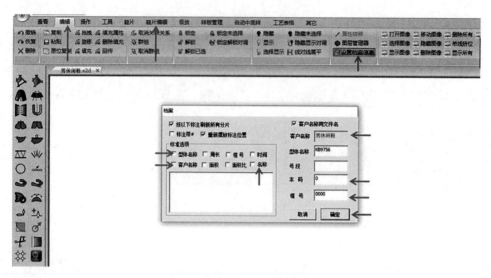

图3-6-23　鞋片编辑准备

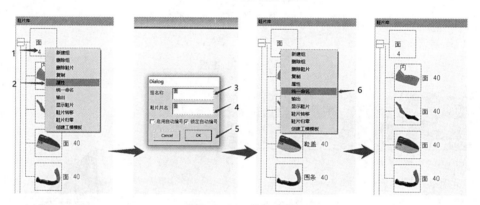

图3-6-24　统一命名

或按快捷键Y，弹出提示窗，3单击匹配的名称（4如无相匹配的名称，可在"鞋片名称"后方格中输入相匹配的名称），5单击"确定"，6将字体拖到理想位置，按F3或F4调整摆放角度，单击，放下，完成个别命名，如图3-6-25所示。

（2）加线

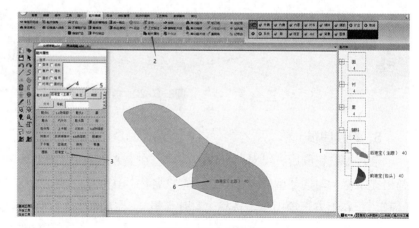

图3-6-25　个别命名

方法步骤：1单击右侧鞋片中单个鞋片，按空格键显示半面版线条，2单击上方工具栏中"加线"或按快捷键T，3在提示窗中"切割属性"下方单击线条属性（笔或全刀等），4在提

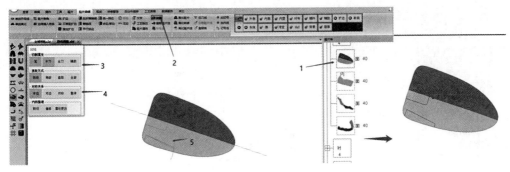

图3-6-26 加线

示窗中"对称关系"下方单击线条位置（本边、对边或对称），5依次单击相应线条（线条变色表示加线完成），如图3-6-26所示。线条属性更改如图3-6-27所示。

（3）合边

同一线条，其中一段扩边量大而另一段扩边量小，则需先进行合边处理后再分别扩边。

方法步骤：1单击右侧鞋片中单个鞋片，2单击上方工具栏中"合边"，3按住Alt键不放，在线条中的扩边量差异交接处单击，出现小线段即完成合边，如图3-6-28所示。完成合边后，可用扩边方法分别对线段扩边。

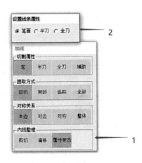

图3-6-27 线条属性更改

（4）扩边

方法步骤：1单击右侧鞋片中单个鞋片，2单击上方工具栏中"扩边"或按快捷键K，3单击需扩边的边线，4在提示窗中单击扩边量，如图3-6-29所示。

（5）排孔

方法步骤：选中鞋片，1单击左侧工具栏中"冲孔" ，弹出提示窗，2填写"排列方式"，3填写"参数"，4勾选"对称属性"，5勾选"起始方向"，6勾选"属性"，7单击排孔线条，8单击"确定"，完成该线条排孔，9重复上述操作，完成任务其他线条排孔，如图3-6-30所示。

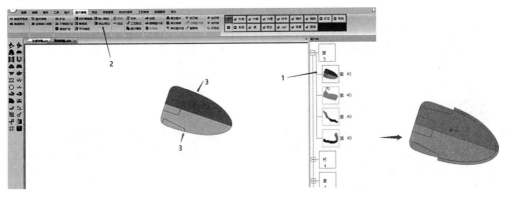

图3-6-28 合边

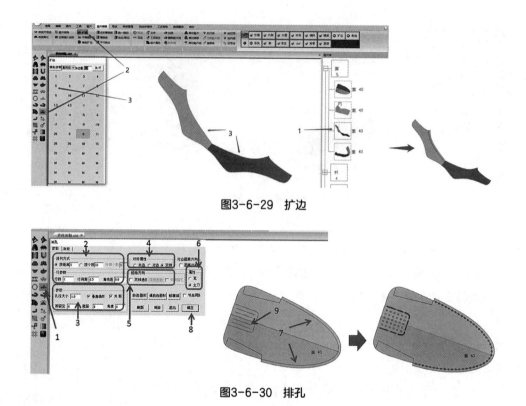

图3-6-29　扩边

图3-6-30　排孔

（6）槽线（在加好线、扩好边的状态下做槽线）

方法步骤：1单击右侧鞋片中单个鞋片，2在左侧工具栏单击槽线 或按快捷键S，3提示窗中单击"本边"或"对边"或"对称"，4在要做槽线线条的位置单击并将其拖动到理想位置后再单击，如图3-6-31所示。若要删除槽线，则按住Alt键不放，单击槽线即可。

（7）记号齿

方法步骤：1单击右侧鞋片中单个鞋片，2单击上方工具栏中"记号齿"或按快捷键R，3输入记号齿高和宽，4单击"本边"或"对边"，5单击属性"全刀"或"画"，6单击"中垂"或"中分"（如记号齿处在对称片、内外片或双轴片的对称线位置则单击"中分"，其他位置则单击"中垂"），7单击记号齿形状，8在需打记号齿的位置单击（如打内齿鼠标靠内，打外齿鼠标靠外，如记号齿需跟住样板内线位置不变，则按住Ctrl键不放，在内线和样板边沿

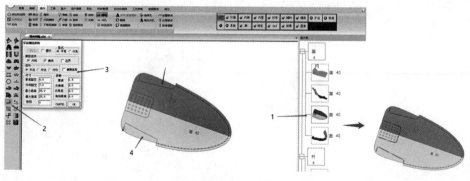

图3-6-31　槽线

交叉处单击，9如无匹配的记号齿数据，可右键单击，再输入匹配数据保存），如图3-6-32所示。若要删除记号齿，则按住Alt键不放，单击记号齿即可。

（8）鞋片倒角

方法步骤：单击右侧鞋片中单个鞋片，1单击左侧或上方工具栏中"鞋片倒角" ，2鼠标指向需倒角的位置，3滚动鼠标中键调整倒角数据至角大小合适时单击，如图3-6-33所示。若要删除倒角，则按住Alt键不放，单击倒角即可。

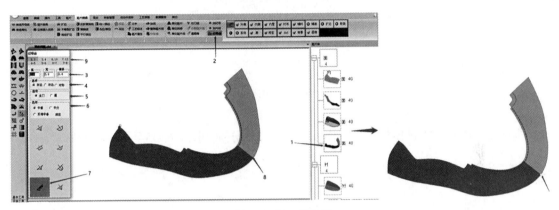

图3-6-32　记号齿

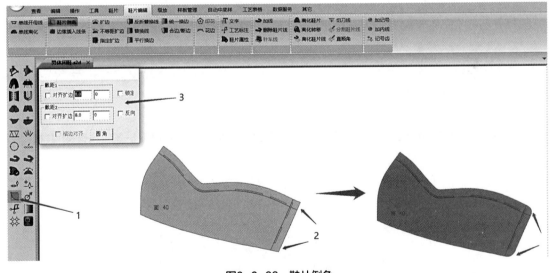

图3-6-33　鞋片倒角

（9）加裁向标

方法步骤：1在上方选项"工具"中打开工具栏目，2单击"裁向标"或左侧工具栏 ，3拖动出一条标记再单击即完成，如图3-6-34所示。

处理过跷度的围条，裁向标与内外对称线平行，围盖与横条的裁向标与内外对称线垂直。若要删除裁向标，则按住Alt键不放，单击裁向标即可。

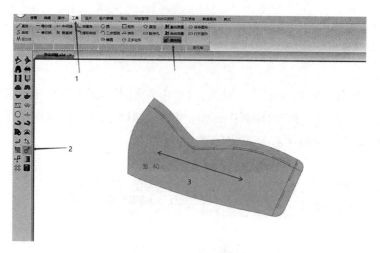

图3-6-34　加裁向标

所有面料样板、衬料样板、里料样板、辅料样板分别如图3-6-35至图3-6-38所示。

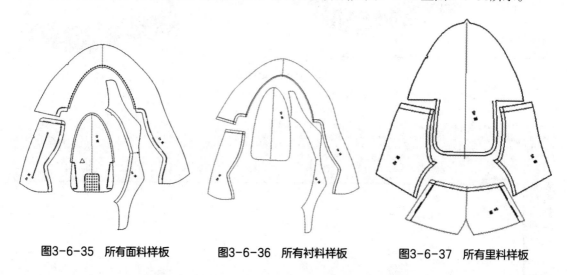

图3-6-35　所有面料样板　　　　图3-6-36　所有衬料样板　　　　图3-6-37　所有里料样板

图3-6-38　所有辅料样板

三、级放与切割

　　所有样板编辑完成后可进行级放。在左下角选项卡中单击"级放工具"或在上方选项中单击"级放"，打开左侧开版工具栏，如图3-6-39所示。

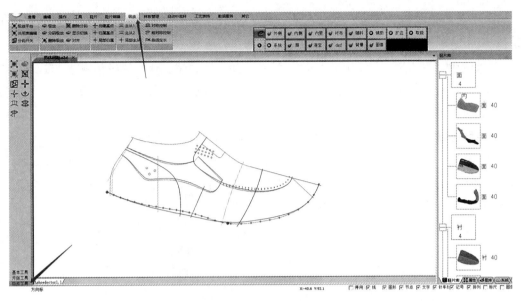

图3-6-39　级放准备

1．设定级放参数

方法步骤：1单击左侧级放平台 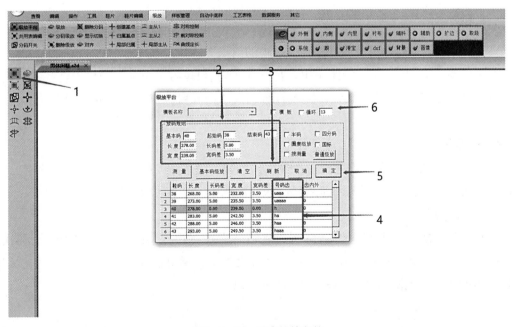，打开级放数据表，2输入级放参数，3刷新，4输入号码齿法则，5单击"确定"，如图3-6-40所示。

号码齿法则：H——方齿（代表10），U——圆齿（代表5），A——尖齿（代表1），根据每个公司习惯组合方式输入。

图3-6-40　设定级放参数

⑥循环：如级放34#、35#、36#、37#、38#、39#、40#正常顺序的，则"循环"输入0，如图3-6-40所示。

如级放6#、7#、8#、9#、10#、11#、12#、13#、1#、2#、3#、4#转折顺序的，则"循环"需输入转折点号码13，结束码则改为（转折点号码+转折点后号码个数）13+4=17，起始码6，结束码输入17。

2. 鞋片共码

方法步骤：①选中鞋片，右键一下弹出提示窗，单击"共模说明"，再次弹出提示窗，③单击"共模"，④单击小三角▼，选择共码表（如无匹配表则需新建），⑤单击"确定"，如图3-6-41所示。若要取消共码，则单击"正常"即可。

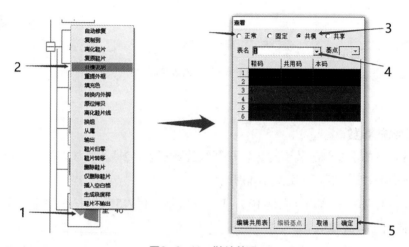

图3-6-41 鞋片共码

3. 打号码齿

只有在做级放平台数据及做好号码齿规则的前提下才能打号码齿。

方法步骤：选中鞋片，按快捷键R，打开提示窗，①单击"中垂"，②单击选择提示窗中号码齿工具✎，③单击鞋片边沿线，完成打号码齿（内齿鼠标靠内，外齿鼠标靠外），如图3-6-42所示。

4. 样板级放

方法步骤：①单击左侧工具栏中🔘，弹出提示窗，②选择级放码数，③单击"确定"，如图3-6-43和图3-6-44所示。若要删除级放，则单击左侧工具栏中▣即可。

5. 样板切割

单击左上角🔲，打开切割控制台，右键单击鞋片，弹出提示窗，单击"输出"，再次弹出提示窗，勾选鞋码，单击"确定"，单击"加页"▣，弹出切割机页面，将鞋片拖到切割机页面内摆放好，单击"切割"✂，如图3-6-45所示。

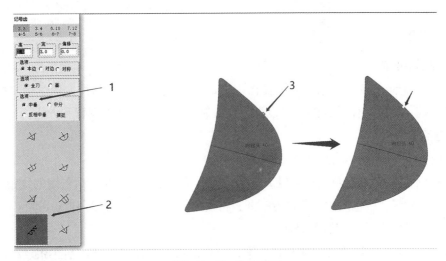

图3-6-42　打号码齿

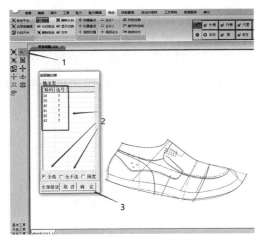

图3-6-43　样板级放

图3-6-44　级放效果

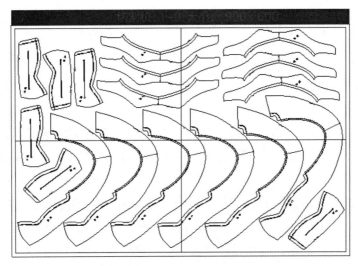

图3-6-45　样板切割

📝 项目实操

1. 目的与要求

通过男内耳鞋、男外耳鞋、男围盖休闲鞋的款式设计、样板制作，使学生掌握男内耳鞋、男外耳鞋、男围盖休闲鞋的鞋样设计、样板制作及级放的基本流程和方法。

2. 内容

（1）内耳鞋的设计、制版及级放

设计3个不同颜色和材料的内耳鞋方案，变化前帮、中帮、后帮、后包跟的线条及款式，前帮、中帮、后帮、后包跟的颜色进行搭配，将效果与当下流行的内耳鞋款式进行对比。

（2）外耳鞋的设计、制版及级放

设计3个不同颜色和材料的外耳鞋方案，变化前帮、中帮、后帮、后包跟、鞋眼片的线条和款式以及排孔样式，前帮、中帮、后帮、后包跟、鞋眼片的颜色进行搭配，将效果与当下流行的外耳鞋进行对比。

（3）围盖休闲鞋的设计、制版及级放

设计3个不同颜色和材料的围盖休闲鞋方案，变化围条、围盖、后包跟、包口皮的线条款式，围盖、后包跟、包口皮的颜色进行搭配，将效果与当下流行的围盖休闲鞋款式进行对比。

3. 考核标准（100分）

（1）内耳鞋

①设计的款式效果是否清晰，结构比例、鞋耳开口位置是否恰当。（20分）

②展平的半面版是否自动添加了帮脚，内线是否自动延长处理，线条是否圆顺流畅。（20分）

③外踝、内踝提取是否完整，记号、扩边、记号齿是否正确标记，扩变量是否合理；内里样板是否完整，记号、扩边、记号齿是否正确标记，命名文字调整是否合理；主跟、内包头制作是否正确，记号、记号齿、工艺文字处理是否正确，命名文字调整是否合理。（30分）

④级放前主从控制、分段控制、基点创建、基点属性、基点归属、共码及级放平台数据是否正确。（30分）

（2）外耳鞋

①设计的款式效果是否清晰，结构比例、鞋耳开口、锁口位置是否恰当。（20分）

②展平的半面版是否自动添加了帮脚，内线是否自动延长处理，线条是否圆顺流畅。（20分）

③外踝、内踝提取是否完整，记号、扩边、记号齿是否正确标记，扩变量是否合理；内里样板是否完整，记号、扩边、记号齿是否正确标记，命名文字调整是否合理；主跟、内包头制作是否正确，记号、记号齿、工艺文字处理是否正确，命名文字调整是否合理。（30分）

④级放前主从控制、分段控制、基点创建、基点属性、基点归属、共码及级放平台数据是否正确。（30分）

（3）围盖休闲鞋

①设计的款式效果是否清晰，结构比例、松紧开口位置是否恰当。（20分）

②展平的半面版是否自动添加了帮脚，内线是否自动延长处理，线条是否圆顺流畅。（20分）

③外踝、内踝提取是否完整，记号、扩边、记号齿是否正确标记，扩变量是否合理；内里样板是否完整，记号、扩边、记号齿是否正确标记，命名文字调整是否合理；主跟、内包头制作是否正确，记号、记号齿、工艺文字处理是否正确，命名文字调整是否合理。（30分）

④级放前主从控制、分段控制、基点创建、基点属性、基点归属、共码及级放平台数据是否正确。（30分）

任务七

运动鞋的CAD工业制版

运动鞋

运动鞋的款式效果如图3-7-1所示。以图3-7-2所示CAD款式图讲解运动鞋CAD制版步骤。

图3-7-1 运动鞋款式   图3-7-2 CAD款式图

一、调整半面版及预设相应线条

1. 导出原始半面版

净半面版是指在鞋楦外踝3D立体面展开成2D平面的样板，它包含的原始线有两部分：参考线和款式线。

（1）参考线

参考线如图3-7-3所示。

　　①跖趾围线。

　　②小趾围线。

　　③帮高参照线。

　　④围盖、围条参照线。

　　参考线体现了鞋楦的基本参数，在同跟高及同类型楦的情况下，参考线是基本不变的，变化大的只有围盖、围条参照线。

　　（2）款式线

　　款式线体现了鞋样款式的线条，根据面款变化而变化，但主要部分要根据参考线来设计，否则会造成成品鞋难穿、难做等问题，如口门深度、口档深度（俗称头长）、后高及内包头深度等，如图3-7-4所示。

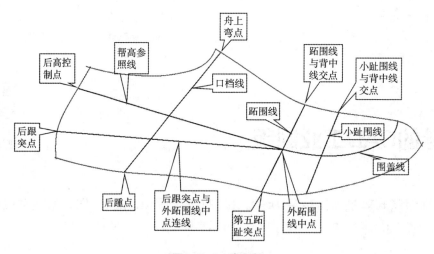

图3-7-3　半面版

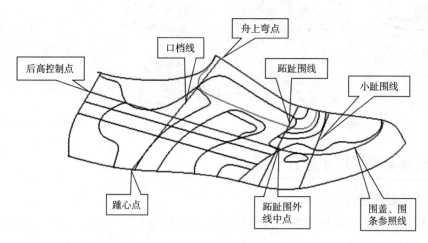

图3-7-4　款式线

2．调整半面版及预设线条

调整半面版及预设线条如图3-7-5所示。

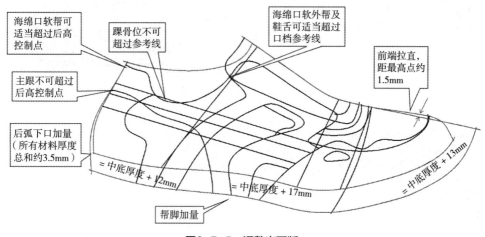

图3-7-5 调整半面版

二、开版

半面版预设完成，依次提取面、里、衬、辅各相应部件鞋片（样板）。

准备：在左下角选项卡中单击"开版工具"，打开左侧开版工具栏。

1．面料部件样板

（1）围盖及大身版

方法步骤：单击开版工具栏中的"内外片" 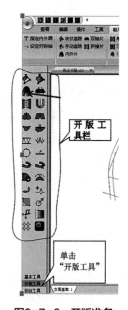，单击对称线1，顺时针依次单击组成围盖及大身版外踝的所有线条2、3、6、8、9，右键结束，弹出提示窗，单击"确定"，单击对称线1，顺时针依次单击组成围盖及大身版内踝的所有线条2、4、5、7、8、9，按住Shift键右键结束（如鞋片后续需做跷度处理，则右键同时按住Shift键结束，如鞋片后续无须做跷度处理，则直接右键结束），生成内外踝展开的围盖及大身版，如图3-7-7所示。

图3-7-6 开版准备

（2）提取围条

方法步骤：单击开版工具栏中的"内外片" ，单击对称线1，顺时针依次单击组成围条外踝的所有线条2、4，右键结束，弹出提示窗，单击"确定"，单击对称线1，顺时针依次单击组成围条内踝的所有线条3、5，按住Shift键右键结束（如鞋片后续需做跷度处理，则右键同时按住Shift键结束，如鞋片后续无须做跷度处理，则直接右键结束），生成内外踝重叠的围条，如图3-7-8所示。

（3）围条降跷

方法步骤：1单击上方选项中"鞋片"，2单击鞋片库鞋片，3单击"设定对称轴"，4单

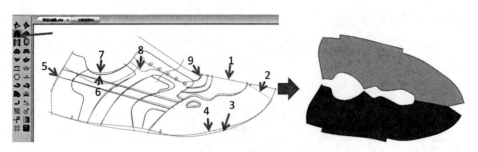

图3-7-7 围盖及大身版

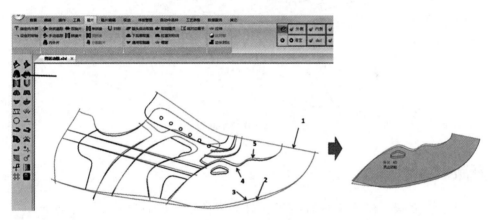

图3-7-8 提取围条

击"鞋头自动取跷",弹出提示窗,5在提示窗中填写帮底缩减数量,6单击鞋片内空白处,7单击上口取跷范围起点并拖到终点单击再右键退出,8单击帮底取跷范围起点并拖到终点单击再右键退出(与对称轴交叉的点为起点),9单击提示窗中"OK",生成展开的已降跷的围条鞋片(帮底缩减数量如小图),如图3-7-9所示。

（4）提取围盖饰片

方法步骤：单击开版工具栏中的"内外片" ，单击对称线1,顺时针依次单击组成围盖饰片（1）外踝的所有线条2、4、5,右键结束,弹出提示窗,单击"确定",单击对称线

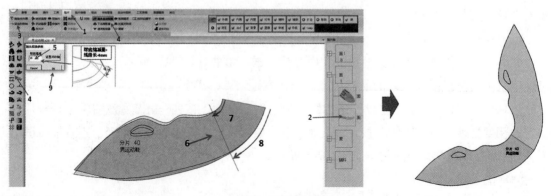

图3-7-9 围条降跷

1，顺时针依次单击组成围盖饰片（1）内踝的所有线条3、4、6，按住Shift键单击右键结束（如鞋片后续需做跷度处理，则右键同时按住Shift键结束，如鞋片后续无须做跷度处理，则直接右键结束），生成内外踝展开的围盖饰片（1），如图3-7-10所示。

　　方法步骤：单击开版工具栏中的"内外片" 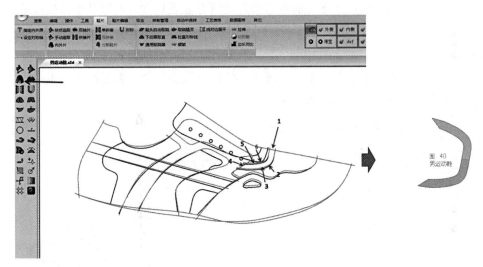，单击对称线1，顺时针依次单击组成围盖饰片（2）外踝的所有线条2、4、5，右键结束，弹出提示窗，单击"确定"，单击对称线1，顺时针依次单击组成围盖饰片（2）内踝的所有线条3、4、6，按住Shift键点右键结束（如鞋片后续需做跷度处理，则右键同时按住Shift键结束，如鞋片后续无须做翘度处理，则直接右键结束），生成内外踝展开的围盖饰片（2），如图3-7-11所示。

　　（5）提取鞋舌

　　方法步骤：单击 ，依次单击组成鞋舌的所有线条1、2，右键结束，生成单边的鞋舌，单击对称工具 ，单击对称线1，生成对称的鞋舌，如图3-7-12所示。

图3-7-10　围盖饰片（1）

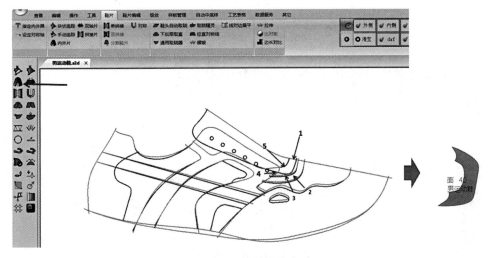

图3-7-11　围盖饰片（2）

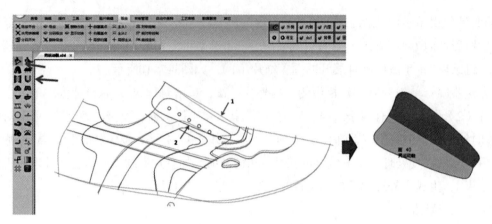

图3-7-12　提取鞋舌

（6）提取外鞋眼片

方法步骤：单击 ，依次单击组成外鞋眼片的所有线条1、2，右键结束，生成单边的外鞋眼片，如图3-7-13所示。

（7）提取内鞋眼片

方法步骤：单击 ，依次单击组成内鞋眼片的所有线条1、2，右键结束，生成单边的内鞋眼片，转换内外脚处理，如图3-7-14所示。

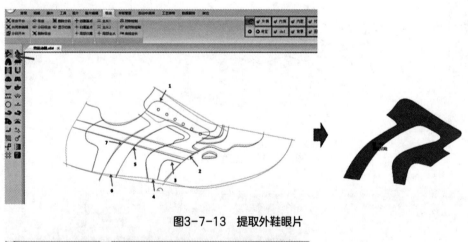

图3-7-13　提取外鞋眼片

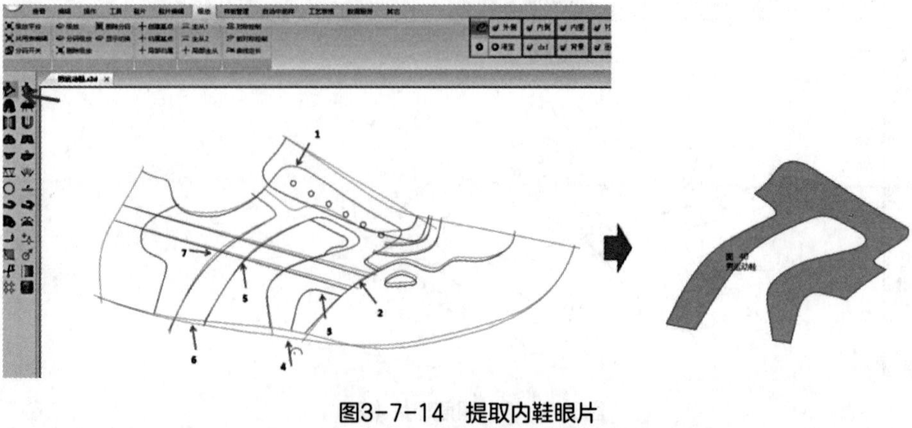

图3-7-14　提取内鞋眼片

（8）提取饰片

方法步骤：单击❧，依次单击组成饰片的所有线条1、2，右键结束，生成单边的饰片，如图3-7-15所示。

（9）提取饰带

方法步骤：单击❧，依次单击组成饰带的所有线条1、2，右键结束，生成单边的饰带，如图3-7-16所示。

（10）提取后包跟

方法步骤：单击开版工具栏中的"内外片"❧，单击对称线1，顺时针依次单击组成后包跟外踝的所有线条2、4、5、7，右键结束，弹出提示窗，单击"确定"，单击对称线1，顺时针依次单击组成后包跟内踝的所有线条3、4、6、7，右键结束（如鞋片后续需做跷度处理，则右键同时按住Shift键结束，如鞋片后续无须做跷度处理，则直接右键结束），生成内外踝展开的后包跟，如图3-7-17所示。

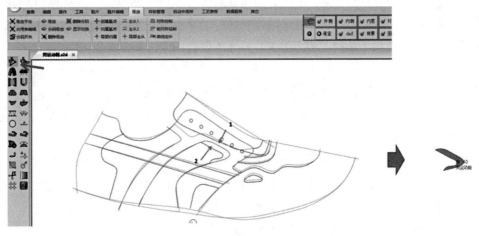

图3-7-15　提取饰片

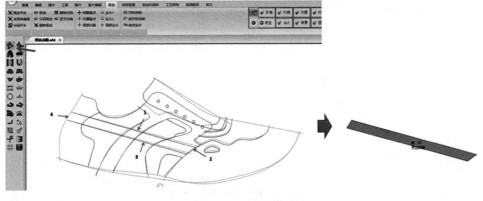

图3-7-16　提取饰带

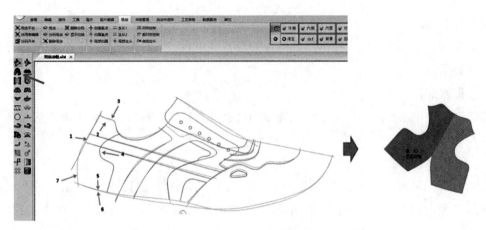

图3-7-17　提取后包跟

2．鞋片编辑

鞋片提取完成后，可对其进行编辑。在上方选项中选择"编辑"→"设置档案信息"，弹出提示窗，勾选"型体名称"或"客户名称"其中任一项，勾选"名称"，输入信息，单击"确定"，在上方选项中选择"鞋片编辑"，完成准备工作，如图3-7-18所示。

（1）命名

①统一命名。方法步骤：1右键单击鞋片库内任一组弹出提示窗，2单击"属性"，再次弹出提示窗，3填写组名称，4填写鞋片共名，5单击"OK"，6单击"统一命名"，完成本组全部鞋片命名，如图3-7-19所示。

②个别命名。方法步骤：1单击右侧鞋片中单个鞋片，2单击上方工具栏中"鞋片属性"或按快捷键Y，弹出提示窗，3在提示窗中表格里单击匹配的名称（4如无相匹配的名称，可在"鞋片名称"后方格中输入相匹配的名称），5单击"确定"，6将字体拖到理想位置，按F3或F4调整摆放角度，单击，放下，完成个别命名，如图3-7-20所示。

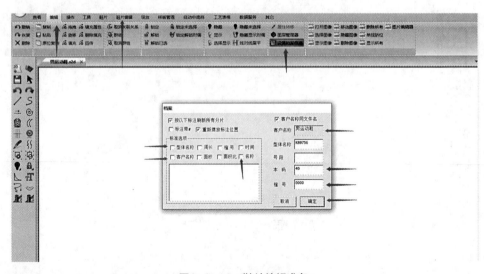

图3-7-18　鞋片编辑准备

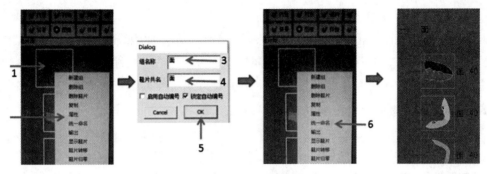

图3-7-19　统一命名

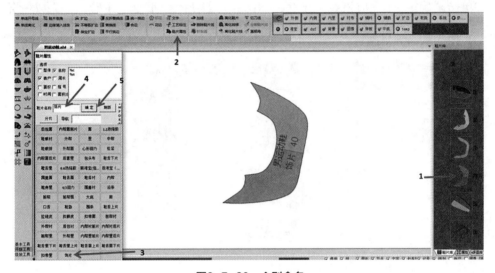

图3-7-20　个别命名

（2）扩边

方法步骤：1单击右侧鞋片中单个鞋片，2单击上方工具栏中"扩边"或按快捷键K，3单击需扩边的边线，4在提示窗中单击扩边量（5如无匹配扩边量，可在"边量"后方框中输入扩边量后单击"执行"），完成扩边，如图3-7-21所示。

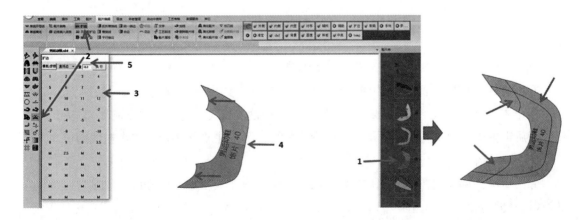

图3-7-21　扩边

（3）加线

方法步骤：1单击右侧鞋片中单个鞋片，按空格键显示半面版线条，2单击上方工具栏中"加线"或按快捷键T，3在提示窗中"切割属性"下方单击线条属性（笔或全刀等），4在提示窗中"对称关系"下方单击线条位置（本边、对边或对称），5依次单击相应线条（线条变色表示加线完成），如图3-7-22所示。

（4）排孔

方法步骤：选中鞋片，1单击左侧工具栏中"冲孔"，弹出提示窗，2填写"排列方式"，3填写"参数"，4勾选"对称属性"，5勾选"起始方向"，6勾选"属性"，7单击排孔线条，8单击"确定"，完成该线条排孔，如图3-7-23所示。重复上述操作，完成任务其他线条排孔。

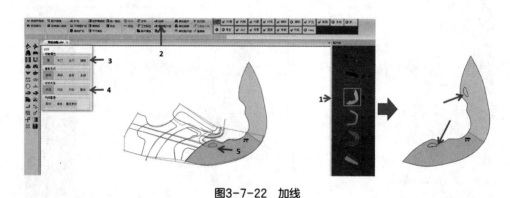

图3-7-22　加线

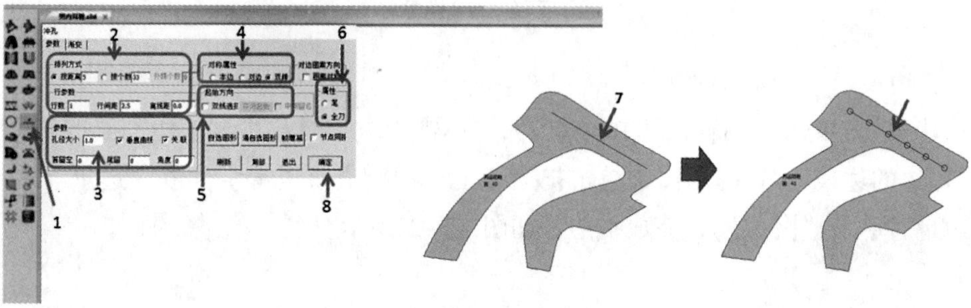

图3-7-23　排孔

（5）槽线（在加好线、扩好边的状态下做槽线）

方法步骤：1单击右侧鞋片中单个鞋片，2在左侧工具栏单击槽线或按快捷键S，3提示窗中单击"本边"或"对边"或"对称"，4在要做槽线线条的位置单击并将其拖动到理想位置后再单击，如图3-7-24所示。若要删除槽线，则按住Alt键不放，单击槽线即可。

（6）记号齿

方法步骤：1单击右侧鞋片中单个鞋片，2单击上方工具栏中"记号齿"或按快捷键R，3输入记号齿高和宽，4单击"本边"或"对边"，5单击属性"全刀"或"画"，6单击"中垂"或"中分"（如记号齿处在对称片、内外片或双轴片的对称线位置则单击"中分"，其他位置则单击"中垂"），7单击记号齿形状，8在需打记号齿的位置单击（如打内齿鼠标靠内，打外齿鼠标靠外，如记号齿需跟住样板内线位置不变，则按住Ctrl键不放，在内线和样板边沿交叉处单击；9如无匹配的记号齿数据，可右键单击再输入匹配数据保存），如图3-7-25所示。若要删除记号齿，则按住Alt键不放，单击记号齿即可。

（7）鞋片倒角

方法步骤：单击右侧鞋片中单个鞋片，1单击左侧或上方工具栏中"鞋片倒角" ，2鼠标指向需倒角的位置，3滚动鼠标中键调整倒角数据至角大小合适时单击，如图3-7-26所示。若要删除倒角，则按住Alt键不放，单击倒角即可。

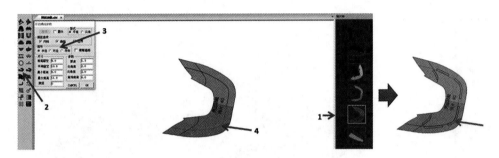

图3-7-24 槽线

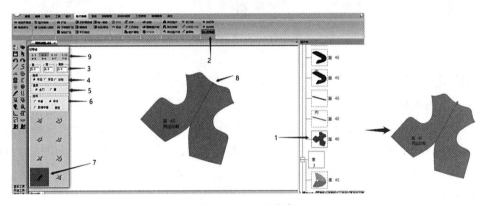

图3-7-25 记号齿

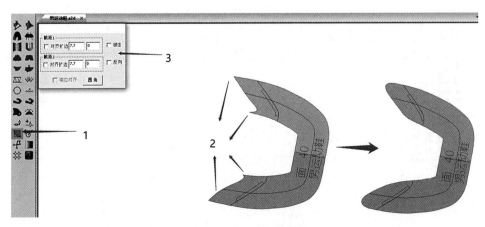

图3-7-26 鞋片倒角

（8）加裁向标

方法步骤：1在上方选项"工具"中打开工具栏目，2单击"裁向标"或左侧工具栏中 ♂，3单击拖动出一条标记再单击即完成，如图3-7-27所示。

处理过跷度的围条，裁向标与内外对称线平行，围盖与横条的裁向标与内外对称线垂直。若要删除裁向标，则按住Alt键不放，单击裁向标即可。

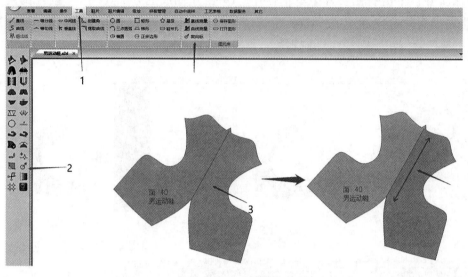

图3-7-27　加裁向标

3. 里料部件样板

（1）提取前帮里

方法步骤：单击开版工具栏中的"内外片" ⛰，单击对称线1，顺时针依次单击组成前帮里外踝的所有线条2、4、5、6，右键结束，弹出提示窗，单击"确定"，单击对称线1，顺时针依次单击组成前帮里内踝的所有线条3、4、5、6，右键结束，生成前帮里，如图3-7-28所示。

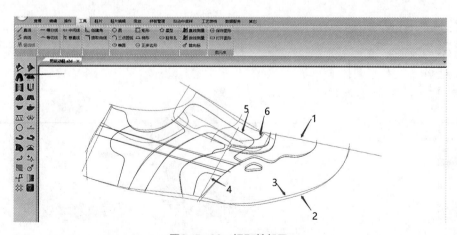

图3-7-28　提取前帮里

（2）提取后帮里

方法步骤：单击开版工具栏中的"内外片"，单击对称线1，顺时针依次单击组成后前帮里外踝的所有线条2、4、5、7，右键结束，弹出提示窗，单击"确定"，单击后跟对称线1，顺时针依次单击组成后帮里内踝的所有线条3、4、6、7，右键结束，生成后帮里，如图3-7-29所示。

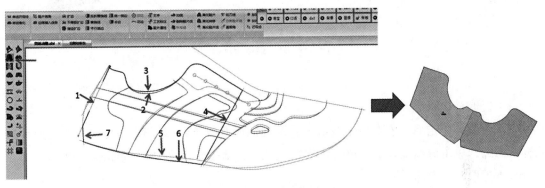

图3-7-29 提取后帮里

4. 辅料部件样板

（1）提取内包头

方法步骤：单击开版工具栏中的"内外片"，单击鞋头对称线1，顺时针依次单击组成内包头外踝的所有线条2、5，右键结束，弹出提示窗，单击"确定"，单击鞋头对称线1，顺时针依次单击组成内包头内踝的所有线条3、4、6，右键结束，生成内包头，如图3-7-30所示。

（2）提取主跟

方法步骤：单击开版工具栏中的"内外片"，单击对称线5，顺时针依次单击组成主跟外踝的所有线条6、7、9，右键结束，弹出提示窗，单击"确定"，单击对称线5，顺时针依次单击组成主跟内踝的所有线条6、8、9，右键结束，生成主跟，如图3-7-31所示。

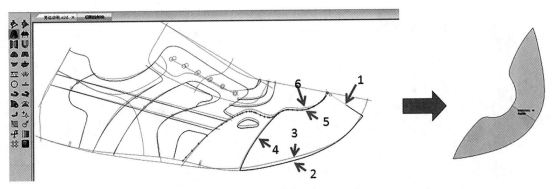

图3-7-30 提取内包头

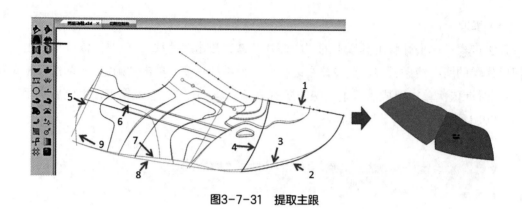

图3-7-31 提取主跟

（3）提取鞋舌海绵

方法步骤：单击 ◢，依次单击组成鞋舌海绵的所有线条1、2、3，右键结束，生成单边的鞋舌海绵，单击对称工具 Ｕ，单击对称线1，生成对称的鞋舌海绵，如图3-7-32所示。

（4）提取领口海绵

方法步骤：单击 ◢，依次单击组成领口海绵的所有线条4、5、6，右键结束，生成单边的领口海绵，单击对称工具 Ｕ，单击对称线1，生成对称的领口海绵，如图3-7-33所示。

所有面料样板、里料样板、辅料样板分别如图3-7-34至图3-7-36所示。

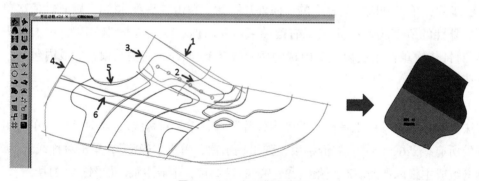

图3-7-32 提取鞋舌海绵

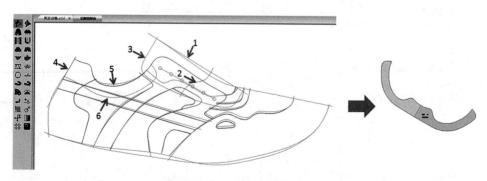

图3-7-33 提取领口海绵

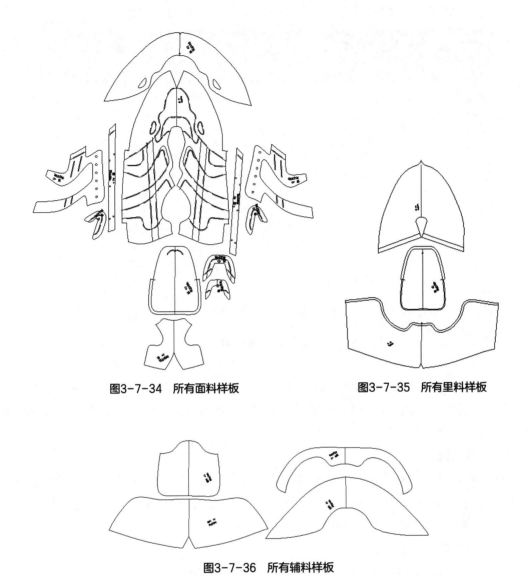

图3-7-34　所有面料样板　　　　　　　　图3-7-35　所有里料样板

图3-7-36　所有辅料样板

三、级放与切割

所有样板编辑完成后可进行级放。在左下角选项卡中单击"级放工具"或在上方选项中单击"级放",打开左侧开版工具栏,如图3-7-37所示。

1．设定级放参数

方法步骤：1单击左侧级放平台■,打开级放数据表,2输入级放参数,3刷新,4输入号码齿法则,5单击"确定",如图3-7-38所示。

号码齿法则：H——方齿（代表10）,U——圆齿（代表5）,A——尖齿（代表1）,根据每个公司习惯组合方式输入。

6循环：如级放34#、35#、36#、37#、38#、39#、40#正常顺序的,则"循环"输入0,如图3-7-38所示。

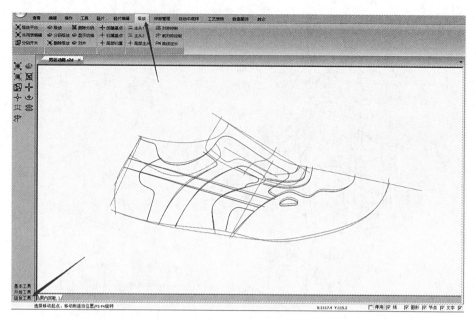

图3-7-37　级放准备

如级放6#、7#、8#、9#、10#、11#、12#、13#、1#、2#、3#、4#转折顺序的，则"循环"需输入转折点号码13，结束码则改为（转折点号码+转折点后号码个数）13+4=17，起始码6，结束码输入17。

2．鞋片共码

方法步骤：1选中鞋片，右键单击弹出提示窗，单击"共模说明"再次弹出提示窗，3单击"共模"，4单击小三角▾，选择共码表（如无匹配表则需新建），5单击"确定"，如图3-7-39所示。若要取消共码，则单击"正常"即可。

3．主从控制及基点控制

帮脚宽度、假线距离等在级放前做主从控制或基点控制。

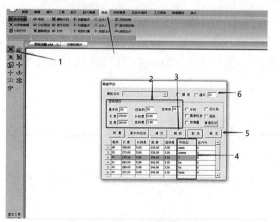

图3-7-38　设定级放参数

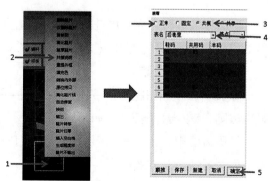

图3-7-39　鞋片共码

（1）主从控制

方法步骤：1单击从线（受控线），2单击主线，3单击左侧工具栏中主从工具🔲，从线变色即完成，如图3-7-40所示。

（2）基点控制

①创建基点。方法步骤：1在级放工具界面单击"创建基点"➕，2单击半面版需创建基点的位置，弹出提示窗，3输入基点各项参数，4单击"确定"，完成基点创建，如图3-7-41所示。

②固定（受控基点）。方法步骤：单击受控的线条，2单击左侧工具栏中工具"固定（受控基点）"➕，弹出提示窗，3单击小三角▾，4选择基点号，5单击"确定"，完成线条受基点控制，如图3-7-42所示。

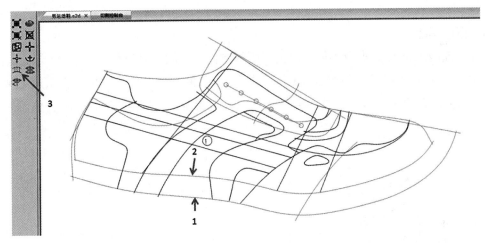

图3-7-40　主从控制

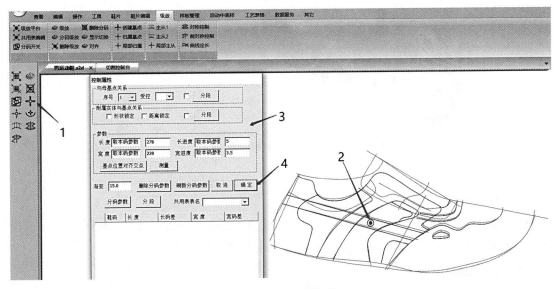

图3-7-41　创建基点

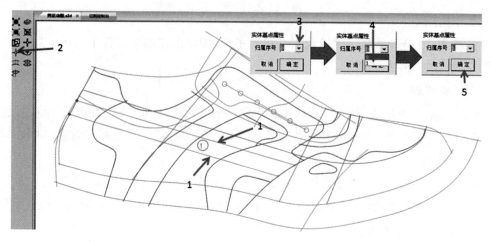

图3-7-42 固定

4．打号码齿

只有在做级放平台数据及做好号码齿规则的前提下才能打号码齿。

方法步骤：选中鞋片，按快捷键R打开提示窗，1单击"中垂"，2单击提示窗中号码齿工具 ，3单击鞋片边沿线，完成打号码齿（内齿鼠标靠内，外齿鼠标靠外），如图3-7-43所示。

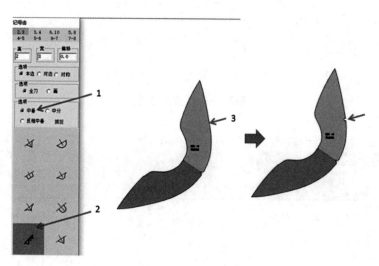

图3-7-43 打号码齿

5．样板级放

方法步骤：1单击左侧工具栏中 ，弹出提示窗，2选择级放码数，3单击"确定"，如图3-7-44和图3-7-45所示。若要删除级放，则单击左侧工具栏中 即可。

6．样板切割

单击左上角 ，打开"切割控制台"，右键单击鞋片，弹出提示窗，单击"输出"，再

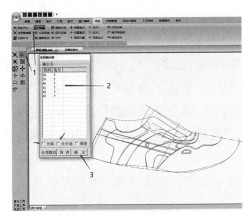

图3-7-44 样板级放

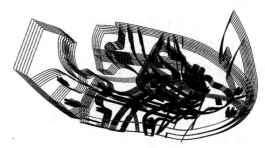

图3-7-45 样板级放效果

次弹出提示窗，勾选鞋码，单击"确定"，单击"加页" 📄，弹出切割机页面，将鞋片拖到切割机页面内摆放好，单击"切割" 🔪，如图3-7-46所示。

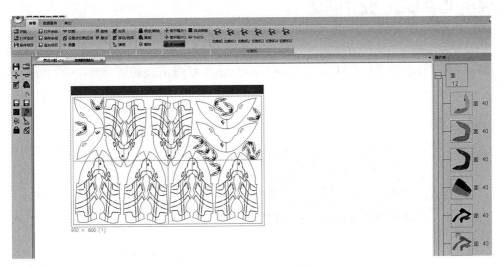

图3-7-46 样板切割

📝 项目实操

1. 目的与要求

通过运动鞋的设计、样板提取制作及级放，使学生掌握运动鞋的鞋样设计、样板提取制作及级放的基本流程和方法。

2. 内容

设计3个不同颜色和材料的运动鞋方案，变化前帮、中帮、后帮、围盖、围条、海绵口、后包跟的线条及款式，前帮、中帮、后帮、围盖、围条、海绵口、后包跟的颜色进行搭配，将效果与当下流行的运动鞋款式进行对比。

3．考核标准（100分）

①设计的款式效果是否清晰，结构比例、开口位置是否恰当。（20分）

②展平的半面版是否自动添加了帮脚，内线是否自动延长处理，线条是否圆顺流畅。（20分）

③外踝、内踝提取是否完整，记号、扩边、记号齿是否正确标记，扩变量是否合理；内里样板是否完整，记号、扩边、记号齿是否正确标记，命名文字调整是否合理；主跟、内包头制作是否正确，记号、记号齿是否正确标记，工艺文字处理是否正确，命名文字调整是否合理。（30分）

④级放前主从控制、分段控制、基点创建、基点属性、基点归属、共码及级放平台数据是否正确。（30分）

任务八

童鞋的CAD工业制版

童鞋的款式效果如图3-8-1所示。以图3-8-2所示CAD款式图讲解童鞋CAD制版步骤。

图3-8-1　童鞋款式　　　　　图3-8-2　CAD款式图

一、调整半面版及预设相应线条

1．导出原始半面版

净半面版是指在鞋楦外怀3D立体面展开成2D平面的样板，它包含的原始线有两部分：参考线和款式线。

（1）参考线

参考线如图3-8-3所示。

①跖趾围线。

②小趾围线。

③帮高参照线。

④围盖、围条参照线。

参考线体现了鞋楦的基本参数，在同跟高及同类型楦的情况下，参考线是基本不变的，变化大的只有围盖围条参照线。

（2）款式线

款式线（图3-8-4）体现了鞋样款式的线条，根据面款变化而变化，但主要部分要根据参考线来设计，否则会造成成品鞋难穿、难做等问题，如口门深度、口档深度（俗称头长）、后高、内包头深度等。

2．调整半面版及预设线条

调整半面版及预设线条如图3-8-5所示。

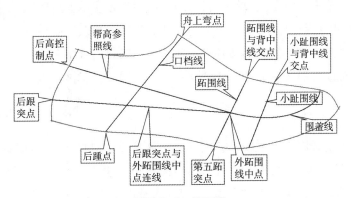

图3-8-3　半面版

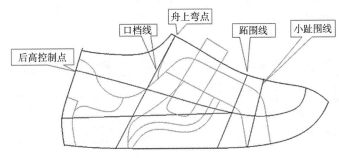

图3-8-4　款式线

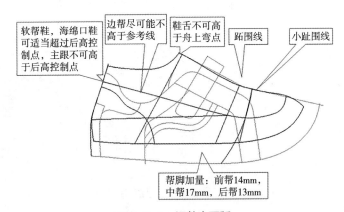

图3-8-5　调整半面版

二、开版

半面版预设完成，依次提取面、里、衬、辅各相应部件鞋片（样板）。在左下角选项卡中单击"开版工具"，打开左侧开版工具栏，如图3-8-6所示。

1．面料部件样板

（1）围盖

方法步骤：单击开版工具栏中的"内外片" 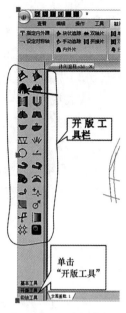，单击对称线1，顺时针依次单击组成围盖及大身版外踝的所有线条2、3、4，右键结束，弹出提示窗，单击"确定"，单击对称线1，顺时针依次单击组成围盖及大身版内踝的所有线条2、5、4，按住Shift键右键结束（如鞋片后续需做跷度处理，则右键同时按住Shift键结束，如鞋片后续无须做跷度处理，则直接右键结束），生成内外踝展开的围盖，如图3-8-7所示。

（2）提取围条

方法步骤：单击开版工具栏中的"内外片" ，单击对称线1，顺时针依次单击组成围条外踝的所有线条2、3、4，右键结束，弹出提示窗，单击"确定"，单击对称线1，顺时针依次单击组成围条内踝的所有线条2、3、5，按Shift键右键结束（如鞋片后续需做跷度处理，则右键同时按住Shift键结束，如鞋片后续无须做跷度处理，则直接右键结束），生成内外踝重叠的围条，如图3-8-8所示。

图3-8-6　开版准备

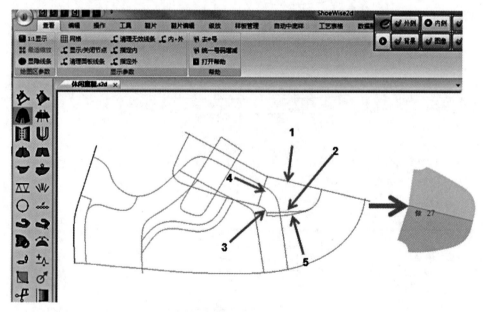

图3-8-7　围盖

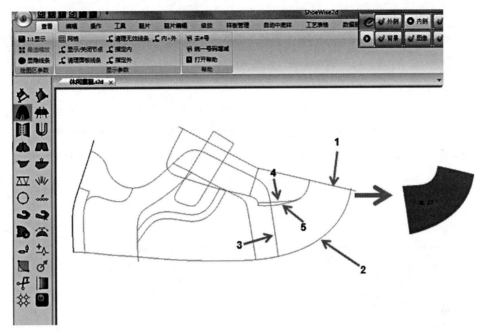

图3-8-8 提取围条

（3）围条降跷

方法步骤：1单击上方选项"鞋片"，2单击鞋片库鞋片，3单击"设定对称轴"，4单击"鞋头自动取跷"，弹出提示窗，5提示窗中填写帮底缩减数量，6单击鞋片内空白处，7单击上口取跷范围起点并拖到终点单击再右键退出，8单击帮底取跷范围起点单击拖到终点再右键退出（与对称轴交叉的点为起点），9单击"OK"，生成展开的已降跷的围条鞋片，如图3-8-9所示（帮底缩减数量如小图）。

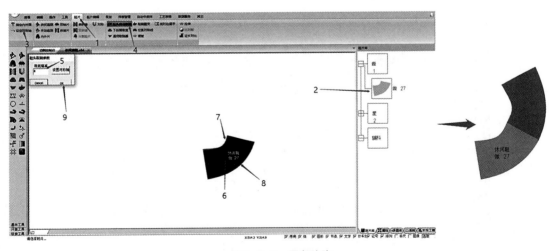

图3-8-9 围条降跷

（4）提取鞋身饰片

方法步骤：单击开版工具栏中的"手动追踪" 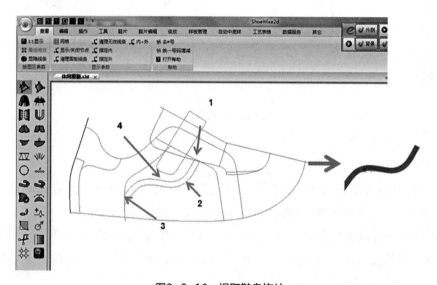 ，单击对称线1，顺时针依次单击组成饰片的所有线条1、2、3、4，右键结束，生成饰片，如图3-8-10所示。

（5）提取背带

方法步骤：单击开版工具栏中的"内外片" ，单击对称线1，顺时针依次单击组成背带外踝的线条2，右键结束，弹出提示窗，单击"确定"，单击对称线1，顺时针依次单击组成背带内踝的所有线条3、4、5，按Shift键单击右键结束（如鞋片后续需做跷度处理，则右键同时按住Shift键结束，如鞋片后续无须做跷度处理，则直接右键结束），生成内外踝展开的背带，如图3-8-11所示。

图3-8-10　提取鞋身饰片

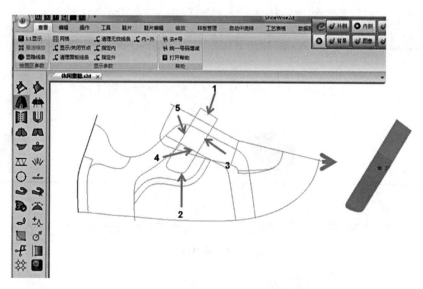

图3-8-11　提取背带

（6）提取鞋舌

方法步骤：单击"手动追踪" ，依次单击组成鞋舌的所有线条1、2、3，右键结束，生成单边的鞋舌，单击对称工具 ，单击对称线1，生成对称的鞋舌，如图3-8-12所示。

（7）提取鞋眼片

方法步骤：单击 ，依次单击组成外鞋眼片的所有线条1、2、3，右键结束，生成单边的外鞋眼片，如图3-8-13所示。

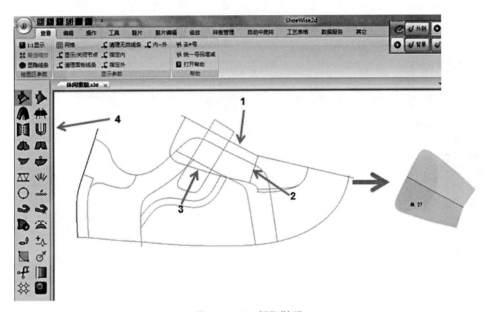

图3-8-12　提取鞋舌

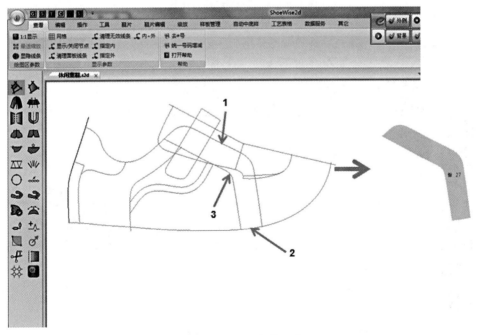

图3-8-13　提取鞋眼片

（8）提取鞋帮片

方法步骤：单击 ✍ ，依次单击组成鞋帮片（1）的所有线条1、2、3，右键结束，生成单边的鞋帮片（1）（内脚需做转换内外脚处理），如图3-8-14所示。

方法步骤：单击 ✍ ，依次单击组成鞋帮片（2）的所有线条1、2、3、4、5、6，右键结束，生成单边的鞋帮片（2），如图3-8-15所示。

（9）提取后包

方法步骤：单击开版工具栏中的"内外片" 🐾 ，单击对称线1，顺时针依次单击组成后包跟外踝的所有线条2、3、4、5，右键结束，弹出提示窗，单击"确定"，单击对称线1，

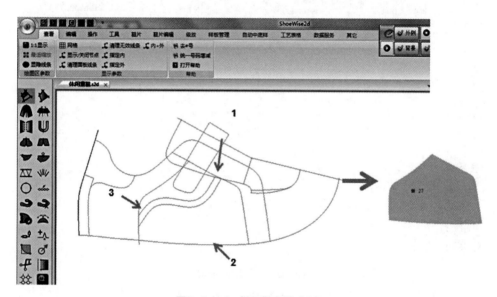

图3-8-14　提取鞋帮片（1）

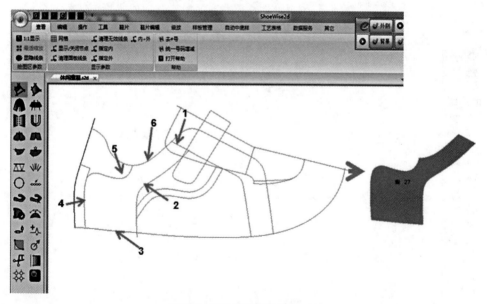

图3-8-15　提取鞋帮片（2）

顺时针依次单击组成后包跟内踝的所有线条2、3、4、5，右键结束（如鞋片后续需做跷度处理，则右键同时按住Shift键结束，如鞋片后续无须做跷度处理，则直接右键结束），生成内外踝展开的后包跟，如图3-8-16所示。

（10）提取后跟条

方法步骤：1选取弯线工具，2测出后跟条的长与宽，3再在旁边制作一个与之相等的方框，单击🖊，依次单击方框四周线条，右键结束，生成单边的后跟条，再单击🅤，选中方框其中一条竖线作为对称线，进行对称处理，如图3-8-17所示。

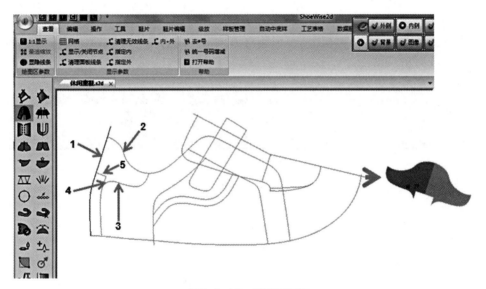

图3-8-16　提取后包跟

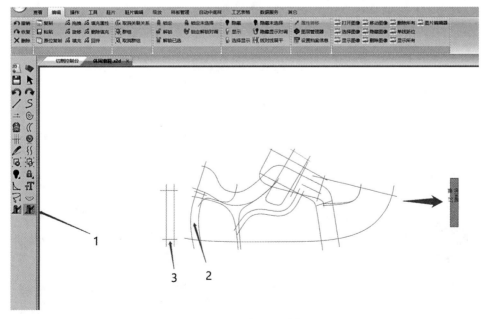

图3-8-17　提取后跟条

2．鞋片编辑

鞋片提取完成后，可对鞋片进行编辑。在上方选项中选择"编辑"→"设置档案信息"，弹出提示窗，勾选"型体名称"或"客户名称"其中任一项，勾选"名称"，输入信息，单击"确定"，在上方选项中选择"鞋片编辑"，完成准备工作，如图3-8-18所示。

（1）命名

①统一命名。方法步骤：1右键单击鞋片库内任一组，弹出提示窗，2单击"属性"，再次弹出提示窗，3填写组名称，4填写鞋片共名，5单击"OK"，6单击"统一命名"，即完成本组全部鞋片命名，如图3-8-19所示。

②个别命名。方法步骤：1单击右侧鞋片中单个鞋片，2单击上方工具栏中"鞋片属性"或按快捷键Y，弹出提示窗，3在提示窗中表格里单击匹配的名称（4如无相匹配的名称，可

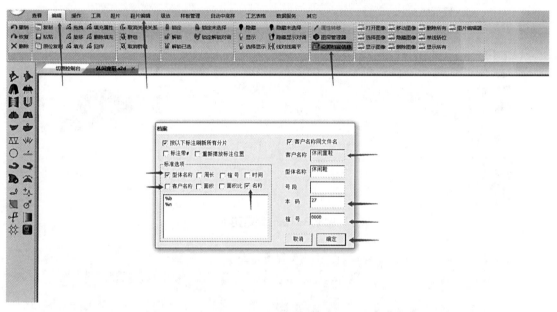

图3-8-18　鞋片编辑准备

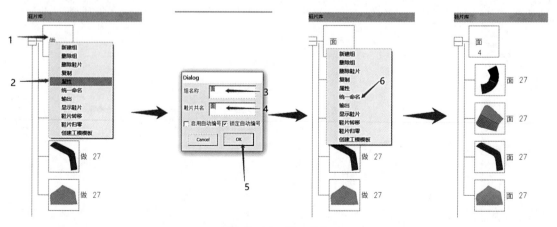

图3-8-19　统一命名

在"鞋片名称"后方格中输入相匹配的名称），5单击"确定"，6将字体拖到理想位置，按F3或F4调整摆放角度，单击放下，完成个别命名，如图3-8-20所示。

（2）扩边

方法步骤：1单击右侧鞋片中单个鞋片，2单击上方工具栏中"扩边"或按快捷键K，3单击需扩边的边线，4在提示窗中单击扩边量（5如无匹配扩边量，可在"边量"后方框中输入扩边量后单击"执行"）完成扩边，如图3-8-21所示。

（3）加线

方法步骤：1单击右侧鞋片中单个鞋片，按空格键显示半面版线条，2单击上方工具栏中"加线"或按快捷键T，3在提示窗中"切割属性"下方单击线条属性（笔或全刀等），4在提示窗中"对称关系"下方单击线条位置（本边、对边或对称），5依次单击相应线条（线条变色表示加线完成），如图3-8-22所示。

（4）排孔

方法步骤：选中鞋片，1单击左侧工具栏中"冲孔" ，弹出提示窗，2填写"排列方式"，3填写"参数"，4勾选"对称属性"，5勾选"起始方向"，5勾选"属性"，6单击排孔线条，7单击"确定"，完成该线条排孔，如图3-8-23所示。重复上述操作完成任务其他线条排孔。

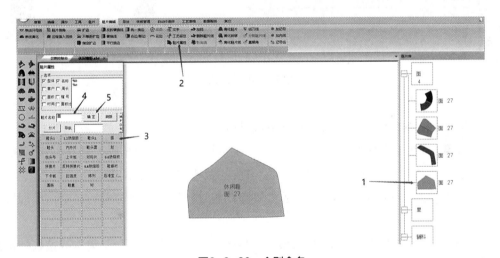

图3-8-20　个别命名

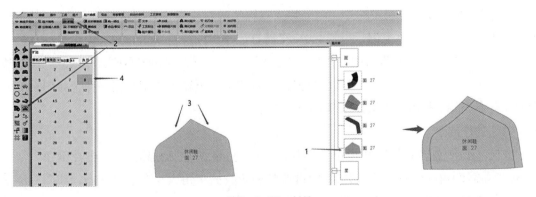

图3-8-21　扩边

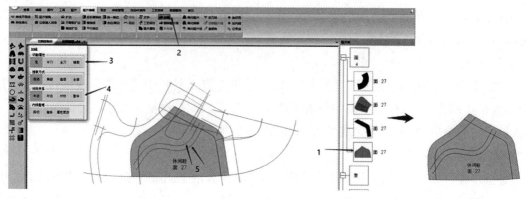

图3-8-22 加线

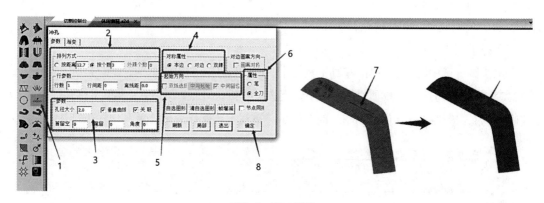

图3-8-23 排孔

（5）槽线（在加好线、扩好边的状态下做槽线）

方法步骤：1单击右侧鞋片中单个鞋片，2在左侧工具栏单击槽线▣或按快捷键S，3提示窗中单击"本边"或"对边"或"对称"，4在要做槽线线条的位置单击，并将其拖动到理想位置后再单击，如图3-8-24所示。若要删除槽线，则按住Alt键不放，单击槽线即可。

（6）记号齿

方法步骤：1单击右侧鞋片中单个鞋片，2单击上方工具栏中"记号齿"或按快捷键R，3输入记号齿高和宽，4单击"本边"或"对边"，5单击属性"全刀"或"画"，6单击"中垂"或"中分"（如记号齿处在对称片、内外片或双轴片的对称线位置则单击"中分"，其他位置则单击"中垂"），7单击记号齿形状，8在需打记号齿的位置单击（如打内齿鼠标靠内，打外齿鼠标靠外，如记号齿需跟住样板内线位置不变，则按住Ctrl键不放，在内线和样板边沿交叉处单击），9如无匹配的记号齿数据，可右键单击再输入匹配数据保存，如图3-8-25所示。若要删除记号齿，则按住Alt键不放，单击记号齿即可。

（7）鞋片倒角

方法步骤：单击右侧鞋片中单个鞋片，1单击左侧或上方工具栏中"鞋片倒角"▣，2鼠标指向需倒角的位置，3滚动鼠标中键调整倒角数据至角大小合适时单击，如图3-8-26所示。若要删除倒角，则按住Alt键不放，单击倒角即可。

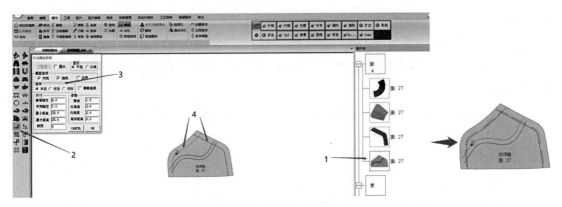

图3-8-24 槽线

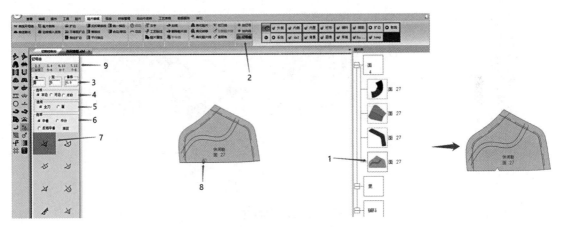

图3-8-25 记号齿

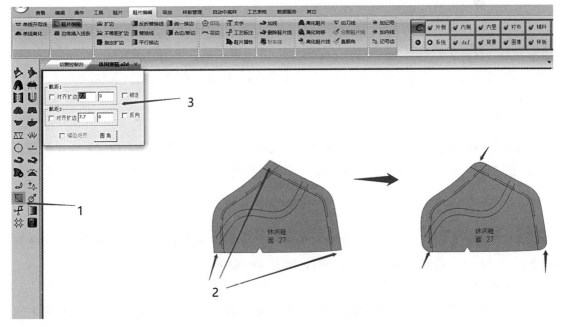

图3-8-26 鞋片倒角

（8）加裁向标

方法步骤：1在上方选项"工具"中打开工具栏目，2单击"裁向标"或左侧工具栏，3单击拖动出一条标记再单击即完成，如图3-8-27所示。若要删除裁向标，则按住Alt键不放，单击裁向标即可。

处理过跷度的围条，裁向标与内外对称线平行，围盖与横条的裁向标与内外对称线垂直。

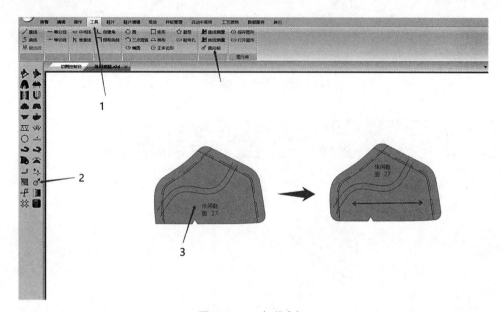

图3-8-27　加裁向标

3．里料部件样板

（1）提取前帮里

方法步骤：单击开版工具栏中的"内外片"，单击鞋头对称线2，顺时针依次单击组成前帮里外踝的所有线条3、5、7，右键结束，弹出提示窗，单击"确定"，单击鞋头对称线2，顺时针依次单击组成前帮里内踝的所有线条3、5、7，右键结束，生成前帮里，如图3-8-28所示。

（2）提取鞋舌里

方法步骤：单击开版工具栏中的，单击对称线1，顺时针依次单击组成鞋舌里外踝的所有线条2、3、4，右键结束，再单击，单击对称线2，生成展开的鞋舌里，如图3-8-29所示。

（3）提取鞋帮里

方法步骤：单击开版工具栏中的，单击对称线1，顺时针依次单击组成鞋帮里的所有线条2、3、4、5，右键结束，生成鞋帮里，如图3-8-30所示。

（4）提取后帮里

方法步骤：单击开版工具栏中的"内外片"，单击后跟对称线2，顺时针依次单击组成后前帮里外踝的所有线条3、4、5、6，右键结束，弹出提示窗，单击"确定"，单击后

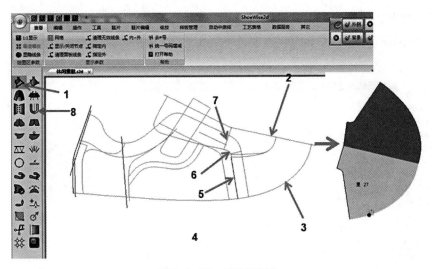

图3-8-28　提取前帮里

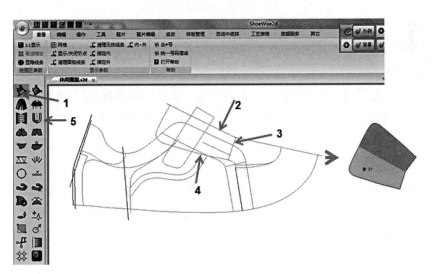

图3-8-29　提取鞋舌里

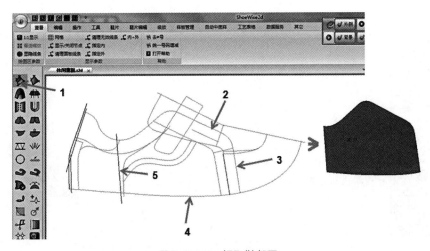

图3-8-30　提取鞋帮里

跟对称线2，顺时针依次单击组成后帮里内踝的所有线条3、4、5、6，右键结束，生成后帮里，如图3-8-31所示。

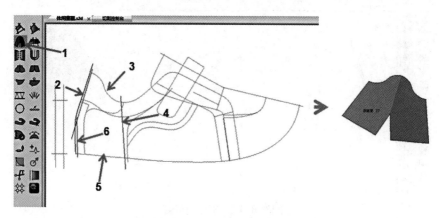

图3-8-31　提取后帮里

4．辅料部件样板

（1）提取内包头

方法步骤：单击开版工具栏中的"内外片"，单击鞋头对称线2，顺时针依次单击组成内包头外踝的所有线条3、4，右键结束，弹出提示窗，单击"确定"，单击鞋头对称线2，顺时针依次单击组成内包头内踝的所有线条3、4，右键结束，生成内包头，如图3-8-32所示。

（2）提取主跟

方法步骤：1单击开版工具栏中的"内外片"，单击对称线2，顺时针依次单击组成主跟外踝的所有线条2、3、4，右键结束，弹出提示窗，单击"确定"，单击对称线2，顺时针依次单击组成主跟内踝的所有线条3、4，右键结束，生成主跟，如图3-8-33所示。

（3）提取鞋舌海绵

方法步骤：单击，依次单击组成鞋舌海绵的所有线条1、2、3，右键结束，生成单边

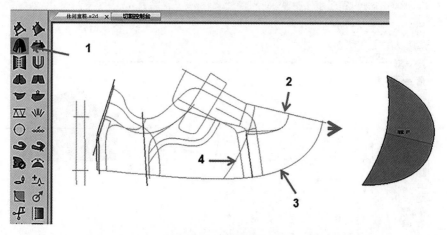

图3-8-32　提取内包头

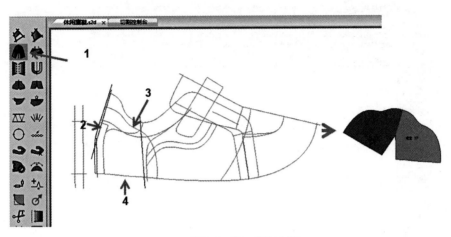

图3-8-33　提取主跟

的鞋舌海绵，单击对称工具 ⊍，单击对称线1，生成对称的鞋舌海绵，如图3-8-34所示。

（4）提取领口海绵

方法步骤：单击 ⁇，依次单击组成领口海绵的所有线条2、3、4，右键结束，生成单边的领口海绵，单击对称工具 ⊍，单击对称线1，生成对称的领口海绵，如图3-8-35所示。

（5）提取鞋眼片衬（长纤）

方法步骤：单击开版工具栏中的 ⁇，依次单击组成鞋眼片衬外踝的所有线条1、2、3，右键结束，如图3-8-36所示。

所有面料样板、里料样板、辅料样板分别如图3-8-37至图3-8-39所示。

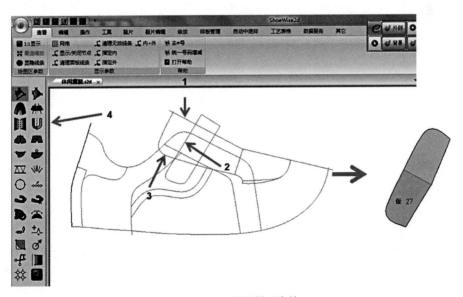

图3-8-34　提取鞋舌海绵

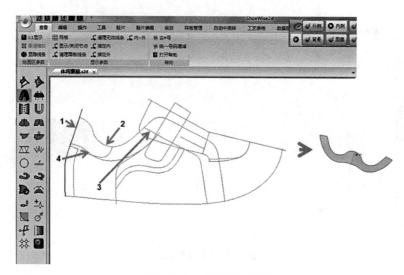

图3-8-35　提取领口海绵

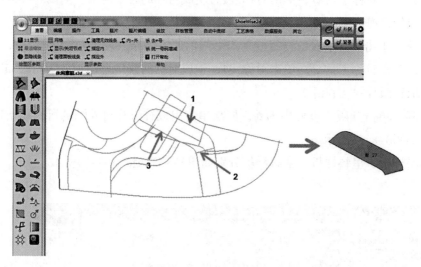

图3-8-36　提取鞋眼片衬

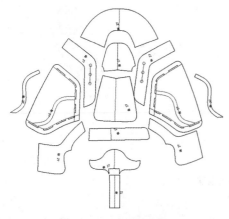

图3-8-37　所有面料样板

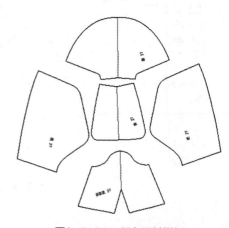

图3-8-38　所有里料样板

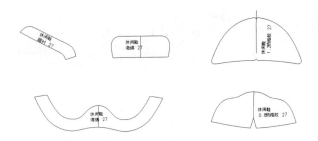

图3-8-39　所有辅料样板

三、级放与切割

所有样板编辑完成后可进行级放。在左下角选项卡中单击"级放工具"或在上方选项中单击"级放",打开左侧开版工具栏,如图3-8-40所示。

1．设定级放参数

方法步骤:1单击左侧级放平台 ▣,打开级放数据表,2输入级放参数,3刷新,4输入号码齿法则,5单击"确定",如图3-8-41所示。

号码齿法则:H——方齿(代表10),U——圆齿(代表5),A——尖齿(代表1),根据每个公司习惯组合方式输入。

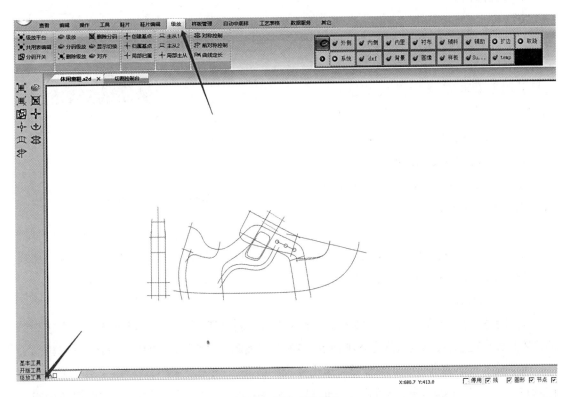

图3-8-40　级放准备

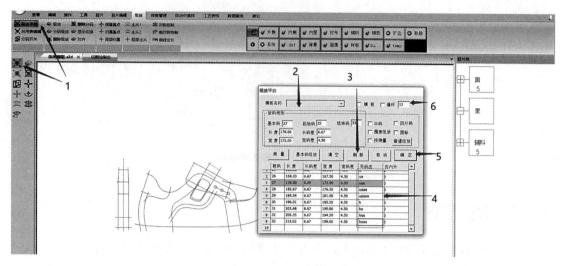

图3-8-41   设定级放参数

6循环：如级放34#、35#、36#、37#、38#、39#、40#正常顺序的，则"循环"输入0。

如级放6#、7#、8#、9#、10#、11#、12#、13#、1#、2#、3#、4#转折顺序的，则"循环"需输入转折点号码13结束码则改为（转折点号码+转折点后号码个数）13+4=17，起始码6，结束码输入17。

2．鞋片共码

方法步骤：1选中鞋片右键弹出提示窗，单击"共模说明"，再次弹出提示窗，3单击"共模"，4单击小三角，选择共码表（如无匹配表则需新建），5单击"确定"，如图3-8-42所示。若要取消共码，则单击"正常"即可。

3．主从控制及基点控制

帮脚宽度、假线距离等在级放前做主从控制或基点控制。

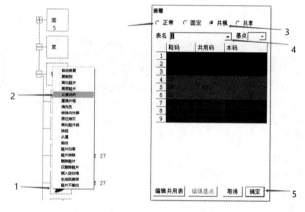

图3-8-42   鞋片共码

（1）主从控制

方法步骤：1单击从线（受控线），2单击主线，3单击左侧工具栏中主从工具皿，从线变色即完成，如图3-8-43所示。

（2）基点控制

①创建基点。方法步骤：1在级放工具界面单击"创建基点"✚，2单击半面版需创建基点的位置，弹出提示窗，3输入基点各项参数，4单击"确定"，完成基点创建，如图3-8-44所示。

②固定（受控基点）。方法步骤：单击受控的线条，2单击左侧工具栏中工具"固定（受控基点）"✚，弹出提示窗，3单击小三角，4选择基点号，5单击"确定"，完成线条固定，如图3-8-45所示。

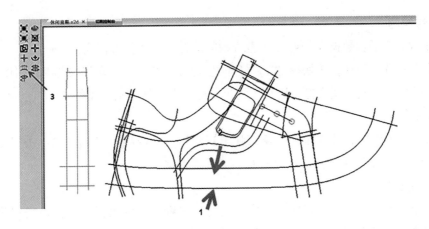

图3-8-43　主从控制

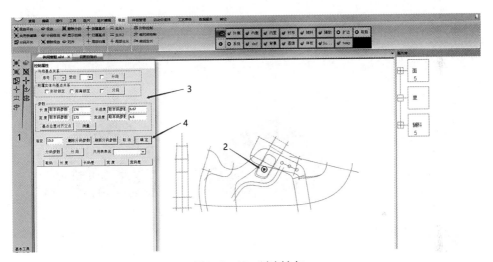

图3-8-44　创建基点

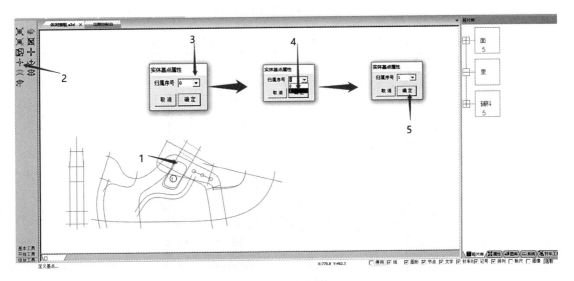

图3-8-45　固定

4．打号码齿

只有在做级放平台数据及做好号码齿规则的前提下才能打号码齿。

方法步骤：选中鞋片，按快捷键R，打开提示窗，1单击"中垂"，2选择窗口中号码齿工具 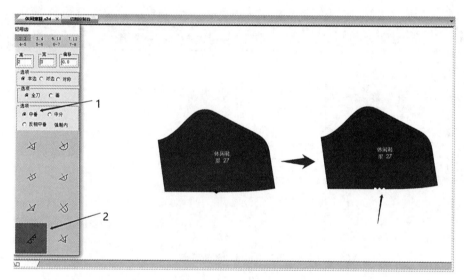，单击鞋片边沿线，完成打号码齿（内齿鼠标靠内，外齿鼠标靠外），如图3-8-46所示。

5．样板级放

方法步骤：1单击左侧工具栏中 ，弹出提示窗，2选择级放码数，3单击"确定"，如图3-8-47所示。若要删除级放，则单击左侧工具栏中 即可。

6．样板切割

单击左上角 ，打开"切割控制台"，右键单击鞋片，弹出提示窗，单击"输出"，再次弹出提示窗，勾选鞋码，单击"确定"，单击"加页" ，弹出切割机页面，将鞋片拖到切割机页面内摆放好，单击"切割" ，如图3-8-48所示。

图3-8-46　打号码齿

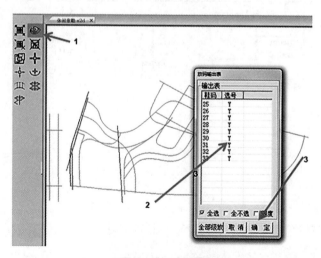

图3-8-47　样板级放

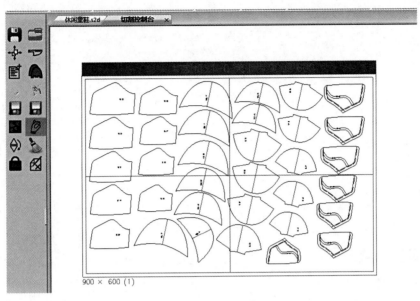

图3-8-48 样板切割

项目实操

1．目的与要求

通过童鞋的设计、样板提取制作及级放，使学生掌握童鞋的鞋样设计、样板提取制作及级放的基本流程和方法。

2．内容

设计3个不同颜色和材料的童鞋方案，变化前帮、中帮、后帮、围盖、围条、海绵口、后包跟的线条及款式，前帮、中帮、后帮、围盖、围条、海绵口、后包跟的颜色进行搭配，将效果与当下流行的童鞋款式进行对比。

3．考核标准（100分）

①设计的款式效果是否清晰，结构比例、开口位置是否恰当。（20分）

②展平的半面版是否自动添加了帮脚，内线是否自动延长处理，线条是否圆顺流畅。（20分）

③外踝、内踝提取是否完整，记号、扩边、记号齿是否正确标记，扩变量是否合理；内里样板是否完整，记号、扩边、记号齿是否正确标记，命名文字调整是否合理；主跟、内包头制作是否正确，记号、记号齿、工艺文字处理是否正确，命名文字调整是否合理。（30分）

④级放前主从控制、分段控制、基点创建、基点属性、基点归属、共码与级放平台数据是否正确。（30分）

ShoeWise2d开版快捷键

吸附	X	切割控制台	F7
移动	M	复制	Ctrl+C
偏移	P	粘贴	Ctrl+V
加线	T	槽线	S
扩边	K	鞋片属性	Y
定量移点	V	曲线	J
拉伸	G	记号齿	R
旋转	C	保存	F2
手动追踪	Q	新建文件	Ctrl+N
镜像	Ctrl+M	继续画线	Ctrl+J
打开文件	Ctrl+O	光顺	B
后退	Ctrl+Z	删除	Delete
打开/关闭节点	F3	网格居中	Home
图像/线条旋转	F3/F4	删除笔线、记号、槽线、文字、装饰、裁向标	ALT+左键
冲孔	F9	隐藏笔线	F12
修剪	O	隐藏槽线	F11
线条打断	~	合边	ALT+左键
旋转/拉伸	G/H	导入DXF	Ctrl+E
多边形选择	Z	删除鞋片线	Ctrl+T
线条属性	W	曲线测量	Ctrl+K